Remicon

레미콘 · 건축 · 토목공사의 품질관리를 위한

레미콘 품질관리(III)

한 천 구 저

技文堂

머리말

건설미디어사에서 발행하는 월간지 「레미콘 · 아스콘 · 골재」에서 「한천구의 실무교실」 제1회에서 50회까지를 모은 「레미콘 품질관리(I)」, 제51회에서 100회까지를 모은 「레미콘 품질관리(II)」에 이어 본 서에서는 제101회부터 150회까지를 모은 것으로 「레미콘 품질관리(III)」이다.

처음 출발은 미미하고 부실하게만 느껴졌지만 이제 12년 6개월간을 정리하여 「레미콘 품질관리(III)」까지 완성하고 보니 조금은 실무에 보탬이 될 것 같고, 학문적으로도 어느 정도는 정리된 기분이 든다. 그러나 아직도 자세히 들여다 보면 군데군데 이 빠진 듯한 부분이 발견되고, 더 다루어야 할 부분도 무수히 많아 151회 이후부터 계속하지 않을 수 없는데, 이제까지 그래 왔던 것처럼 독자 여러분들의 계속적인 관심과 아울러 많은 지도편달을 부탁할 수밖에 없는 상황이다.

끝으로 제1권, 2권에 이어 제3권이 발간될 수 있도록 기회를 마련해준 (주)건설미디어사의 김종섭 발행인, 정혜진 기자, 이정은 편집담당자님의 도움에 감사하고, 청주대학교 건축재료 · 시공 연구실에서 원고정리에 애써준 박용규, 노상균, 송일범 군 등 많은 제자들에게 고맙게 생각하며, 기문당 강해작 사장님께도 감사의 마음을 전한다.

2010. 1

우암산 기슭 연구실에서

한 천 구

차 례

IV 레미콘 품질관리

I 원재료

1. 시멘트의 발달사
2. 우리나라 시멘트의 역사
3. 시멘트의 제조공정 및 원료공정
4. 시멘트의 소성공정
5. 시멘트의 마무리(분쇄)공정
6. 시멘트의 수화반응
7. 응결시간의 의미
8. 수요자의 요구에 부응하는 맞춤형 시멘트의 개발 및 활용
9. 중국 시멘트의 현황 및 국가 규격
10. 중국 시멘트의 품질 규격
11. 석회석 미분말을 사용한 콘크리트의 특성
12. 콘크리트용 용수의 염화물 등 수질 규정

1. 시멘트의 발달사

1. 서 언

인간은 모든 생명체 중 유일하게 뿌리를 찾으려고 노력하는 종이다.

콘크리트에 종사하는 사람이라면 당연히 시멘트·콘크리트의 뿌리인 역사를 찾는 것도 중요시 될 수 있다. 따라서 여기에서부터 몇 단원은 콘크리트의 근원인 발달사를 정리하는데, 먼저 시멘트의 세계적인 발달사에 대하여 소개해 본다.

2. 발달사

시멘트(Cement)란 소위 시멘팅 매트리얼(Cementing material), 즉 교착재(膠着材) 혹은 결합재(結合材)의 총칭으로서, 각종 재료를 붙이는 역할을 하는 모든 것을 말한다. 그러나 단순히 건설 분야의 구조재료면에서 시멘트라고하면 수경성으로 콘크리트 제조에 이용되는 포틀랜드 시멘트를 의미한다.

시멘트의 어원은 Caeder(부순돌)에서 시작하여 Caedimentum을 거쳐 Cementum으로 변하여 오늘날 영어의 Cement, 독일어의 Zement로 쓰이게 되었고, 우리나라에서는 한동안 일본어 「セメント」에서 세멘토, 세멘이라고 하는 경우도 있었지만, 현재는 「시멘트」로 통일하여 부르고 있다. (중국어는 水泥임)

시멘트의 발달은 오랜 역사를 갖고 있는데, 세계적인 역사는 표 1과 같고, 우리나라의 역사는 차기단원에 게재한다.

또한, 현재의 시멘트를 포틀랜드(Portland) 시멘트라고 하는데, 이는 건축용 석재로 사용되던 영국 남단부의 포틀랜드(Portland)섬의 석회석인 포틀랜드 석재(Portland stone)의 색깔이 시멘트의 색깔과 비슷하다고 하여 1824년 조셉 아습딘(Joseph Aapdin : 현대시멘트의 효시)에 의해 명명된 것이다.

표 1 세계적인 시멘트의 발달사

연도 및 개발자	용도 및 결과물	내 용
~ BC 5000 이집트 시대	피라미드 건설	탄산칼슘을 포함한 불순 천연석고로부터 제조된 소석고에 모래를 혼합하여 석재 줄눈에 사용–기경성 시멘트
그리스 시대	유적이나 유물	석회석(탄산칼슘)을 소성하여 만든 소석회에 산토린(Santorin)섬에 있는 화산재를 혼합하여 모르타르로 만들어 사용함. 유적이나 유물(물잔 등)에서 발견됨–기경성
로마시대~ 18세기말	각종 신전 및 건축물	소석고, 소석회와 화산재 [베스비우스(Vesuvius)산 또는 포조리(Pozzouli) 마을 근처] 및 점토, 벽돌 부스러기 등을 섞어 만듦–수경성
1756년 John Smeatom (영국)	에디스톤(Eddy Stone) 등대 재건	점토분이 다량으로 섞인 불순 석회석으로 제조한 소석회가, 순도가 높은 소석회보다 내수성이 월등히 우수하다는 새로운 사실을 발견함
1796년 James Parker (영국)	「로만 시멘트」란 이름으로 특허	석회와 점토의 혼합물인 이회토를 석회 가마에 넣고 소성한 후 분쇄하여 얻음
1811년 James Frost (영국)	–	석회질 원료와 점토질 원료를 적당한 비율로 섞어서 분쇄한 것을 석회가마에서 소성한 후 분쇄하여 얻음–현재의 소성온도보다 낮아 품질은 좋지 않음
1818년 Louis Joseph Vicat(프랑스)	논문정리 서적 발간	석회석과 점토를 미세하게 분쇄하여 혼합한 것을 반용융될 정도의 고온으로 소성한 후 분쇄하여 얻음–수경성과 강도가 높은 시멘트를 얻음
1824년 Joseph Aspdin (영국)	「인조석 제조법의 개량」으로 특허	석회석을 분쇄 후 소성한 생석회에 점토를 섞어서 물을 가하고, 다시 미분쇄한 것을 건조시켜 석회가마와 같은 노에 넣어서 석회석 중 탄산가스가 완전히 추출될 때까지 소성한 다음 다시 미분쇄하여 얻음(소성온도 800 ℃ 정도)

(표 계속)

연도 및 개발자	용도 및 결과물	내 용
1820년대 Isae Charles Johnson (영국)	석회석과 점토의 배합비율, 소성온도와 제품의 품질간의 관계 - 연구논문	석회질 원료의 한 종류인 백아와 점토를 5 : 2의 비율로 배합, 물을 가하여 분쇄, 덩어리를 탱크 속에 침전, 연료인 코크스와 같이 시멘트 가마에서 반용융할 때까지 소성, 연료가 없어질 때 노 내부에서 냉각시킨 클링커를 꺼내어 분쇄하여 얻음 → 소성온도가 높아 시멘트 품질이 비약적으로 향상
1880년 Wilhelm Michaelies (독일)	실리카 시멘트	규산백토 등 실리카(SiO_2)와 포틀랜드 시멘트의 혼합물 사용
1882년 독일	고로시멘트	포틀랜드 시멘트에 30 % 정도 고로슬래그 분말을 함유시킴
1885 Frederick Ransome(영국)	소성로 개발	회전로(Rotary kiln)를 창안함
1890년경 P. I. Giron (프랑스)	지연제 발명	석고에 의한 응결지연제를 발명
1908년 J. Bied (프랑스)	알루미나 시멘트 발명	보크사이트나 알루미나 성분이 많이 포함된 원료와 석회석을 혼합 소성, 용융시킨 다음 급랭(알루미산 칼슘 클링커) 후 분쇄하여 얻음

사진 1 이집트의 피라미드

2. 우리나라 시멘트의 역사

1. 서 언

세계적인 시멘트의 발달사에 이어 여기에서는 우리나라 시멘트의 역사에 대하여 고찰해 본다.

2. 시멘트의 역사

우리나라의 시멘트 역사는 일본 강점기하에서 일본 시멘트의 역사와 함께 발전하였다. 즉 일본은 1872년 아시아 최초로 시멘트 공장이 건설되었고 (1881년에는 오노다(小野田)시멘트 창립) 그 후 38년 뒤인 1919년에는 우리나라에도 진출하여 시멘트 공장을 건설하였는데, 주로 일본인의 자본과 기술에 의한 것이었고, 전쟁 수행을 위한 물자 조달 수단으로 이용되었다.

1919년 우리나라에 최초로 시멘트 공장이 건설된 이래 현재에까지 이르는 우리나라 시멘트 산업의 역사는 표 1과 같이 정리된다.

특히 이중에서도 해방 이후 남한에서의 시멘트 산업은 연간 18만 톤의 삼척공장이 고작이었는데, 그나마도 설비노후, 자재부족 등으로 가동이 어려운 상황이었다. 또한, 1950년도 한국전쟁(6.25사변)을 겪으면서 1953년경까지는 시멘트 생산이 불가능한 암흑기였는데, 전후 복구사업의 대부분을 외국산 시멘트에 의존하였음에 현재의 상황에서 뒤돌아보면 참으로 가슴 아픈 일이 아닐 수 없다.

1962년도 제1차 경제개발 5개년계획 이후 시멘트 산업은 비약적인 성장을 계속하여 왔는데, 1997년도의 IMF구제 금융을 받게 되기 직전까지는 연간

6,175만 톤의 시멘트를 생산하여 중국, 인도, 미국, 일본에 이어 세계 5위의 시멘트 생산국이 되었다. 그러나 1998년도에는 외환위기로 건설경기가 위축되어 4,461만 톤으로 급감한 이래 조금씩 회복세를 보여 2003년도 5,830만 톤까지 상승하다가 그 후 다시 하락하여 2005년도에는 4,628만 톤을 기록하고 있다. 따라서 현재 국내의 각 시멘트 제조사는 주변여건, 경제사정 등으로 매우 어려운 형편임에, 시멘트 산업에 종사하는 담당자는 시멘트 과잉공급에 따른 문제점이 점점 더 심각해짐에 따라 시멘트 산업의 활로를 새롭게 모색해야만 하는 중요한 단계에 놓여 있다.

(본 자료는 아세아 시멘트(주) 최강순 공장장의 원고 및 양회 협회의 자료를 일부 인용한 것임)

표 1 우리나라 시멘트의 역사

연도	내 용	비 고
1919년	일본 오노다(小野田)시멘트가 평안남도 강동군 승호리(평양근교)에 습식 킬른 1기로 연간 6만 톤인 시멘트 공장 건설	우리나라 최초의 시멘트 공장
1928년	일본 오노다 시멘트가 함경남도 문천군 천내리에 연간 13만 톤 공장 건설	
1936년	일본 오노다 시멘트가 함경북도 부령에 연간 18만 톤 공장 건설	
1936년	조선 시멘트가 황해도 해주에 연간 36만 톤 공장 건설	일본 우베(宇部)시멘트 계열
1936년	조선 천야 시멘트가 황해도 봉산에 연간 18만 톤 공장 건설	일본 천야(天野)시멘트 계열
1942년	조선 오노다 시멘트가 강원도 삼척에 연간 18만 톤 공장 건설	남한지역 최초의 시멘트 공장. 후에 동양 시멘트가 됨
1956년	동양제당공업(주)이 삼척공장을 인수하여 동양시멘트(주)로 출범	
1956년	UNKRA 프로젝트의 일환으로 대한양회공업(주)이 경상북도 문경에 연간 24만 톤 공장건설	덴마크 F.L.Smith 사에서 건설. 추후 쌍용양회에 인수됨
1962 ~1966년	제1차 경제개발 5개년계획으로 현대, 한일, 경원(아세아 전신)시멘트 공장 건설 및 동양, 대한 시멘트 증설로 연간 178만 톤 생산이 가능할 만큼 비약적인 성장	외자도입으로 건설

(표 계속)

연도	내 용	비 고
1967 ~1971년	제2차 경제개발 5개년계획으로 성신, 한라, 유니온 공장 건설 및 기존 공장 증설로 연간 687만 톤 생산 능력	시멘트 수입국에서 수출국으로 전환
1971년	시멘트 수출 100만 톤이 넘어 세계 제11위 시멘트 수출국이 됨	
1972 ~1982년	양질의 균형 성장을 추구하는 한편 기술개발·환경개선 등에도 큰 진전	
1976년	내황산염 시멘트(5종), 중용열 시멘트(2종) 생산	품종의 다양화
1982 ~1992년	보다 고도화된 기술수준을 바탕으로 조강(3종), 초조강, 메이슨리, 알루미나, 컬러 시멘트 등 다양한 용도의 신제품 개발	
1992 ~1997년	주택 2백만 호 건설 경기부양으로 시멘트 산업 활황, 1997년 연간 6,175만 톤 생산으로 세계 제5위 시멘트 생산국이 됨	시멘트 최다 생산 (경기절정)
1998 ~2000년	1997년말 IMF 구제금융 등 경제위기에 심각한 경영난—구조조정 등으로 위기 극복	
2000 ~현재	IMF 구제금융 탈피, 라파즈사 한라 인수, 쌍용양회 태평양 시멘트사와 공동경영 등으로 우리나라 시멘트 업계는 외국기업이 함께 참여하는 새로운 환경변화에 직면. 또한, 수입 시멘트 증가, 슬래그 등 혼화재의 사용비중 증대, 스틸하우스 등 대체재의 시멘트 수요 잠식, 친환경산업으로서의 역할 강화 요구 등 새로운 국면에 처하게 됨	시멘트 산업의 활로를 새롭게 모색해야 하는 중요한 시기에 접어듦

사진 1 우리나라 남한의 최초 시멘트 공장(삼척)

3. 시멘트의 제조공정 및 원료공정

1. 서 언

앞 단원에서는 시멘트의 국내·외 발달사에 대하여 고찰하여 보았다.

따라서 본 강좌에서는 시멘트의 특성 중에서 시멘트의 제조공정 및 원료공정부터 고찰해 본다.

2. 제조공정의 개요

시멘트의 개략적인 제조공정은 그림 1과 같다. 즉 시멘트는 석회석의 채굴에서부터 점토, 규석 및 산화철원료 등을 건조시킨 후 적당한 비율로 배합, 원료 밀에서 미분쇄하고, 공기혼합 사일로의 내부에서 균일하게 혼합, 저장되는 일련의 과정을 원료공정이라 하고, 예열기(Suspension preheater)를 거쳐 로터리 킬른에서 충분히 소성한 후 급랭시켜 클링커를 제조하는 일련의 과정을 소성공정이라 하며, 소성된 클링커에 적당량의 석고를 넣고 분쇄밀로 미분쇄한 다음 제품으로 출하하는 일련의 과정을 마무리 공정이라 한다.

3. 원료공정

석회석의 채굴은 대부분의 경우에 계단식 노천채굴이 행해지고 있다. 착암기로 석회석 채굴면에 구멍을 뚫어 폭약을 장치하고 폭발시켜 대량으로 채굴한 다음, 굴삭기 등으로 긁어모아, Jaw crusher나 Gyratory crusher 등

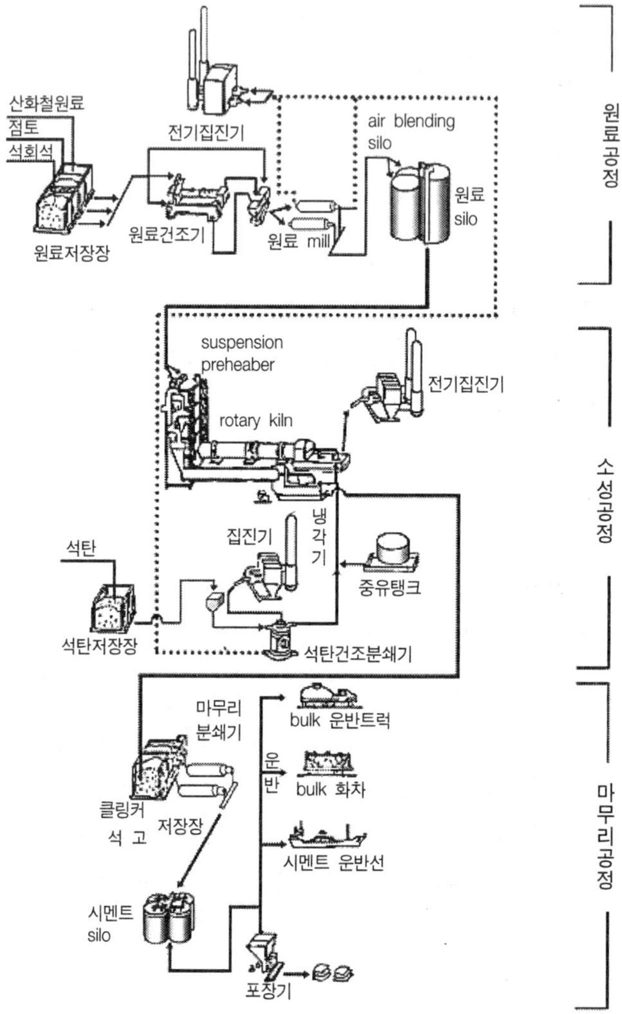

그림 1 포틀랜드 시멘트의 제조공정

으로 1차 파쇄한다. 다음에 벨트컨베이어로 갱 밖으로 이송하여, Hammer crusher나 Impact crusher 등으로 2차, 3차 파쇄를 행하여 약 25 mm 이하의 크기로 만드는데 이 파쇄물이 공장으로 이송되어 시멘트 원료가 된다.

점토는 석회석에 비하여 사용량(약 1/5)이 적으므로 채굴은 기계로 파내어 공장으로 운반한다.

공장에서의 미분쇄는 주로 그림 2에 나타낸 바와 같이, 강판으로 만든 원통형 Tube mill이 사용된다. 일반적으로 원통의 길이가 짧은 것은 Ball mill, 긴 것은 Tube mill이라고 한다. 어느 것이나 크고 작은 여러 종류의 Ball을 배합하여 원통에 넣고 분쇄대상 원료와 함께 회전시키면, Ball들의 충격과 마찰에 의해 미분쇄된다. Mill의 분쇄 능력, ton당의 설비는 대형화할수록 감소하므로, 직경 4~5 m의 대형 Tube mill이 일반적으로 사용되고 있다. Mill 내의 Ball 배열은 입구에서 출구쪽으로 직경이 점차 작아지는 것이 좋다. 따라서 큰 Ball이 출구쪽에 과다하게 많아지지 않도록 Mill 내에 칸막이를 설치하는 경우가 많다.

그 밖에 시멘트공장에서 많이 사용되고 있는 Crusher에는 입형(수직형) Roller mill이 있다. 그 대표적인 것으로 그림 3에 나타낸 Losche mill이다. 입형 Mill 하부의 회전 Table과 Roller 사이에서 잘게 부숴 미분쇄된다. 미분쇄물은 하부의 Duct로부터 유도되는 열풍에 의해 건조되면서 상부의 Separator에 흡입되어 배기가스와 함께 배출된다. 분쇄가 덜된 것은 Rotor에서 바깥쪽으로 밀려 재차 Table로 낙하하여 미분쇄된다. 시멘트 공장에서는

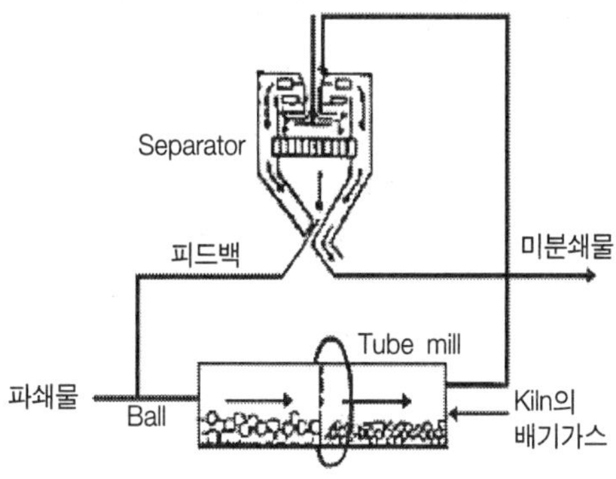

그림 2 원료 Mill과 분쇄물의 흐름

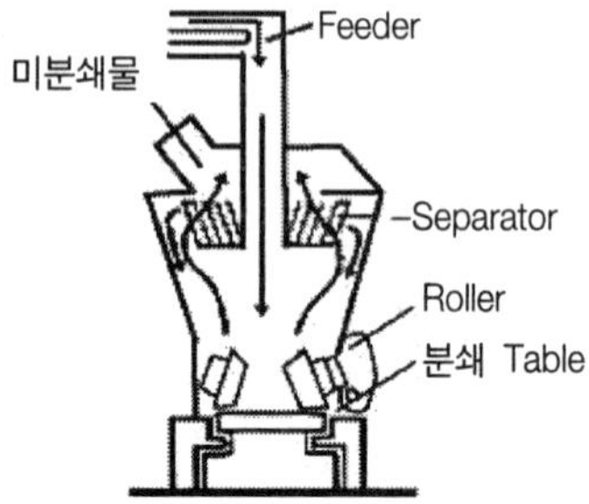

그림 3 Loshe mill

이 Roller mill을 원료만이 아닌 연료용 석탄의 건조 및 미분쇄에도 사용하는 곳이 많다.

보통 석회석과 점토는 원료 건조기에서 충분히 건조되어 정확하게 계량, 배합된다. 그리고 원료 Mill(Tube mill)에서는 혼합과 미분쇄가 동시에 이루어진다. 고효율의 분쇄를 위해서는 Air separator로 미분쇄 부분을 분리한 후, 재분쇄하는 방법이 채택된다.

0.09 mm체를 통과할 정도로 미분쇄된 원료배합물은 공기혼합 사일로로 보내지고, 거기에서 균일하게 혼합된다.

여기서 원료를 미분쇄하여 골고루 혼합하는 이유는 소성과정에서 목적한 수화생성물을 균일하게 골고루 분포시켜 제조 및 생산되도록 하기 위함이다.

4. 시멘트의 소성공정

1. 서 언

전 단원에서는 시멘트의 전반적인 제조공정에 대한 개괄과 제조공정 중 원료공정에 대하여 상세히 고찰하였다.

여기에서는 전 단원에 이어 시멘트 생산공정 중 가장 중요한 소성공정에 대하여 상세히 고찰해 본다.

2. 소성공정

원료공정에서 미분쇄하여 골고루 혼합된 원료는 예열기(Suspension pre-heater : SP)를 거쳐 회전로(Rotary kiln)에서 클링커로 소성된다.

즉 종전의 SP는 원료 배합물 미분체가 SP 중 사이클론(Cyclone)을 순차적으로 통과하여 내려가면서 반대 방향에서 올라오는 킬른 배기가스와 열교환하여 850 ℃ 정도까지 예열되어 킬른으로 들어간다. 따라서 모든 점토와 석회석의 일부가 예열기 내에서 열분해되어 킬른으로 들어가므로 열효율이 현저하게 향상되었다. 즉 열분해는 흡열반응이므로 이것을 킬른 내에서 행하면 온도가 올라가기 어려워 열소비가 현저히 증가한다.

회전로의 소성능력은 직경과 길이에 의해 대략 결정되며, 여기에 걸맞은 예열기나 냉각기가 부설된다. 최근의 시멘트공장에서는 합리적인 근대화로 대형화가 적극적으로 진행되면서 킬른도 대형화하여 직경 3.5~6 m, 길이 55~100 m 정도이고, 2.7~3.7 rpm으로 회전하고 있다.

SP킬른에서 예열기의 킬른측 입구로부터 들어오는 배기가스의 온도는

900~1,000 ℃인데, 석회석의 탈탄산화율은 40 % 정도에 불과하였다. 따라서 최근에 사용하고 있는 NSP(New suspension preheater) 킬른은 예열기와 킬른 사이에 하소로를 조합하여 킬른으로 이송되는 원료의 탈탄산율을 90 % 정도까지 높인 것이다. SP 킬른에서는 소성용 연료가 전적으로 킬른 버너에서 불어 넣어졌지만 NSP 킬른에서는 킬른 버너와 하소로용 연로의 2개소이며, 그 연료 비율은 87 : 13에서 39 : 61 정도의 범위로 되어 있다. NSP 킬른의 예열기내 온도분포의 일례를 그림 1에 나타냈다.

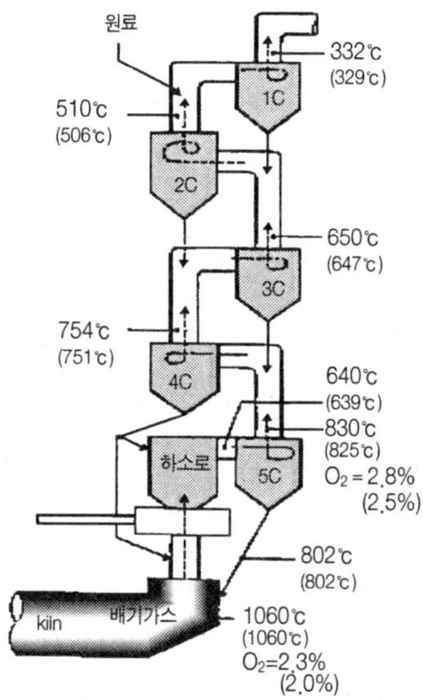

그림 1 NSP 킬른 예열기 내의 원료와 배기가스의 흐름 및 온도분포

한편 회전로 내의 온도분포 예도 그림 2에 나타내었다. 원료가 예열기에서 킬른으로 들어가면, 이미 열분해 반응은 거의 끝나 있으므로 킬른 내에서의 고상반응과 소결반응을 행하기 위하여 원료에 공급하는 열량은 900 ℃에서 1,450 ℃까지 올리게 된다. 킬른 출구 바로 앞 약 10 m에서 반응 생성

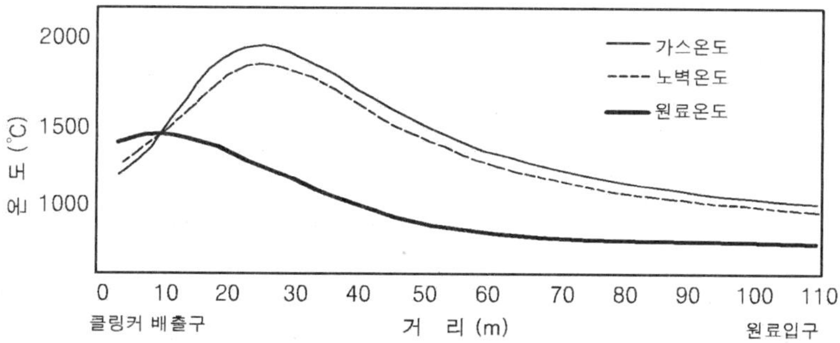

그림 2 회전로 내의 온도분포

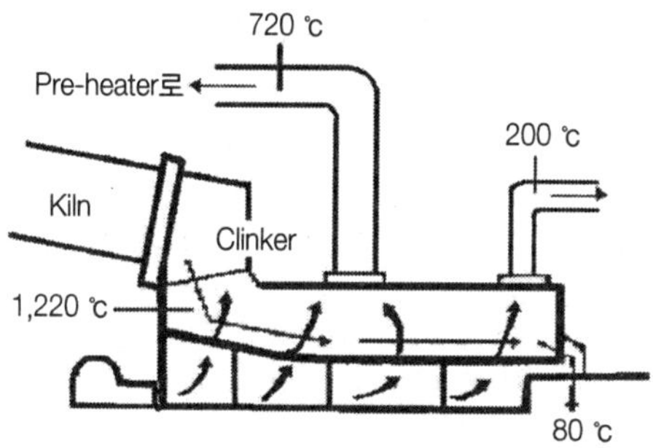

그림 3 냉각기 쿨러

물의 온도는 약 1,450 ℃가 되고, 충분히 소결된 직경 1 cm 정도 크기의 구상인 괴상물이 되는데, 1,200 ℃ 정도의 온도로 킬른 출구에서 배출되자마자 급랭된다. 이것이 시멘트 클링커(Clinker)이다. 킬른에서 배출된 클링커는 가능한 한 급랭을 행하여 클링커의 붕괴를 방지할 필요가 있다.

또한, 시멘트공장에서 가장 많이 사용되고 있는 냉각기 쿨러의 온도분포를 그림 3에 나타내었다. 클링커는 킬른에서 길이 약 70 m의 망을 갖는 진동 컨베이어 위에 놓이고, 아래에서 불어 올라오는 공기에 의해 60~80 ℃까지 냉각되어 배출된다. 한편 클링커로부터 열을 빼앗은 공기는 그대로 예열기에 되돌려주어 원료를 가열하는데 이용하게 된다.

NSP와 회전로에서 제조되는 클링커의 생성온도별 생성반응 관계는 표 1과 같고, 생성된 클링커를 절단하여 편광현미경으로 광물조직을 관찰한 일례는 사진 1과 같다. 사진 1에서 20~50 ㎛의 각진 대형 결정은 알라이트(C_3S) 광물, 15~20 ㎛의 둥근 모양의 중형 결정은 벨라이트(C_2S) 광물이다. 알라이트와 벨라이트의 결정 사이를 채우고 있는 상을 간극상(Interstitial phase)이라고 하는데, 밝은 부분은 페라이트상(Ferrite phase, C_2A-C_2F Solid solution), 어두운 부분은 알루미네이트상(Aluminate phase, C_3A)이다. 이들 클링커에 존재하는 알라이트, 벨라이트, 알루미네이트상 및 페라이트상을 시멘트의 클링커 4대광물이라고 하는데, 상세한 사항은 차기 회에서 설명한다.

표 1 포틀랜드 시멘트 클링커의 생성온도와 생성반응의 관계

온 도	반 응
100~600 ℃	원료의 부착수분, 점토의 결정수 탈수
700 ℃	탈탄산 반응($MgCO_3$, $CaCO_3$ 분해) 개시
800 ℃	CA, C_2F, C_2S 생성 개시
800~900 ℃	$C_{12}A_7$ 생성 개시
900~1,000 ℃	C_3A, C_4AF 생성 개시, $CaCO_3$ 열분해 종료
1,100~1,200 ℃	C_3A, C_4AF 생성 종료(C_2S 최대)
1,250 ℃	액상 생성 개시, C_3A, C_4AF는 액상으로 용해
1,300~1,450 ℃	C_3S의 생성, free CaO의 소멸
냉각	C_3A, C_4AF 석출 및 액상이 유리화되어 최종적으로 아래의 4대 광물 생성 $3CaO \cdot SiO_2$(알라이트 C_3S) $2CaO \cdot SiO_2$(벨라이트 C_2S) $3CaO \cdot Al_2O_3$(알루미네이트상 C_3A) $4CaO \cdot Al_2O_3 \cdot Fe_2O_3$(페라이트상 C_4AF)

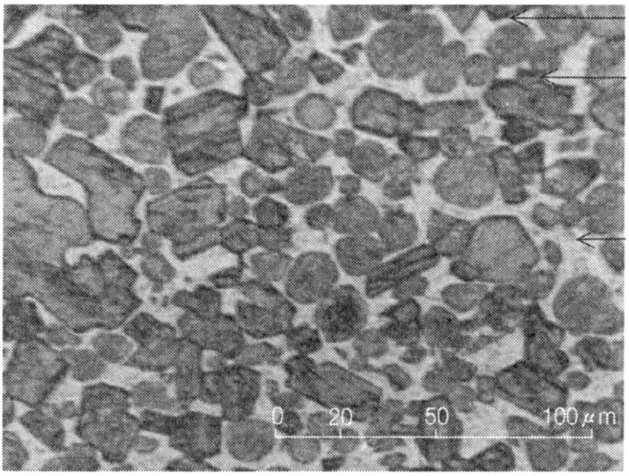

사진 1 클링커 광물의 편광현미경 사진

사진 2 시멘트 제조공장 일례

5. 시멘트의 마무리(분쇄)공정

1. 서 언

시멘트의 제조공정 중 원료공정, 소성공정에 대하여는 앞 단원에서 기술하였고, 여기에서는 시멘트의 마무리공정에 대하여 상세히 고찰한다.

2. 마무리공정

사진 1과 같은 예열기(NSP) 및 회전로(Rotary kiln)에서 소성되고, 냉각기를 통과하여 제조된 시멘트 클링커는 마무리공정인 분쇄밀에서 3~5 %의 석고와 계획된 양의 고로슬래그 등 첨가물 및 분쇄조제와 함께 미분말로 분쇄된다.

마무리 분쇄공정은 원료분쇄와 유사한 과정이지만 대부분은 2실로 구분된 튜브 밀(Tube mill)이 이용된다. 분쇄공정의 개요도는 그림 1과 같은데, 기본적으로 철재 원통 속에서 철구와 함께 클링커 등 분쇄원료를 회전시켜서

사진 1 예열기(NSP) 및 로터리 킬른

미분쇄한다. 튜브 밀 출구에서 배출된 분쇄 시멘트는 버킷 엘리베이터(Bucket elevator)를 타고 사이클론 세퍼레이터(Cyclone separator)로 보내지는데, 이곳에서는 바람에 날리는 원리에 의해 굵고 가는 시멘트 입자를 구분하여 가는 입자는 시멘트 제품으로, 굵은 입자는 재분쇄 라인(Return)으로 보내진다.

이때, 제품으로 만들어지는 분쇄과정에서는 튜브 밀에서 시멘트가 분쇄될 때 너무 고온이 되지 않도록 찬공기(바람)를 불어 넣어 주어야 하는데, 이때 밀 출구 부분에서 배출되는 바람, 즉 배기가스를 메인 백 필터(Main bag

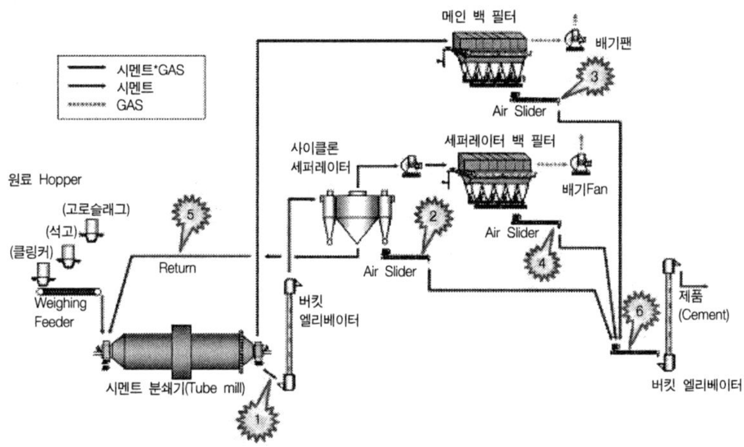

그림 1 포틀랜드 시멘트의 분쇄 공정개요도

①	Mill 출구 분쇄분말	조립분말
②	Cyclone Separator 미분	미분말
③	Main Bag Filter 미분	미분말
④	Cyclone Separator bag filter 미분	미분말
⑤	Cyclone Separator 역송	조립분말
⑥	최종제품(Cement)	②+③+④

filter)에서 집진함으로써 생기는 미세한 입자의 시멘트 및 사이클론 세퍼레이터에서도 공기(바람)를 공급하며 입자분급(크고 작은 입자를 나눔)을 하게 되는데 이때 사이클론 세퍼레이터에서 배출되는 공기, 즉 배기가스를 사이클론 세퍼레이터 백 필터(Cyclone separator bag filter)에서 집진한 미세입자 시멘트까지도 혼합되어 하나의 제품으로 출하하게 된다.

표 1 시멘트의 화학성분 분석

시료	화학성분 (%)								Module			(Blaine)
	LOI	SiO_2	Al_2O_3	Fe_2O_3	CaO	MgO	SO_3	K_2O	LSF	SM	IM	(cm^2/g)
①	0.18	22.18	5.17	3.82	64.44	2.05	1.14	0.87	90.03	2.47	1.35	1,908
②	0.32	21.91	5.04	3.67	64.25	2.00	1.77	0.91	90.45	2.52	1.38	3,272
③	0.55	21.64	5.01	3.69	64.00	2.02	1.98	0.97	90.87	2.49	1.36	4,213
④	0.54	21.24	5.01	3.68	62.91	2.00	3.17	1.31	89.55	2.44	1.36	6,953
⑤	0.15	22.30	5.24	3.88	64.64	2.06	0.77	0.82	90.12	2.45	1.36	1,087
⑥	0.35	21.88	5.02	3.66	64.18	2.01	1.83	0.92	90.44	2.52	1.37	3,380

더욱이 한 공장에서 출하되는 시멘트제품의 경우 분쇄기별 편차를 줄이기 위해서는 몇 개의 분쇄기에서 생산되는 여러 제품을 하나로 혼합하면 가능할 수 있고 역으로 독특한 특성이 요구되는 경우에는 구분해서 배출 · 출하할 수도 있는데, 그에 대한 가능성은 뒤에 기술되는 8(수요자의 요구에 부응하는 맞춤형 시멘트의 개발 및 활용)을 참조한다.

참고로 분쇄공정 중 각 위치별 시멘트 시료의 화학성분을 분석한 일례는 표 1와 같고, 시멘트 분쇄공정 위치별 입도분포는 그림 2와 같으며, 수화열 및 수화열 피크값은 그림 3 및 4와 같고, 페이스트의 플로값, 응결시간 및 압축강도는 그림 5, 6, 7과 같다.

최근에는 분쇄공정에서 분쇄밀 또한 원료분쇄밀 및 소성로의 크기에 맞춰 점점 대형화되어 5 m를 넘는 대용량의 것도 존재하는데, 이 경우는 분쇄온

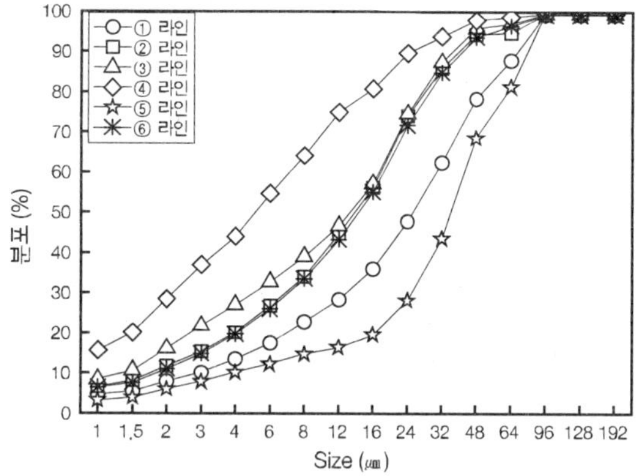

그림 2 시멘트 분쇄 공정라인별 입도분포

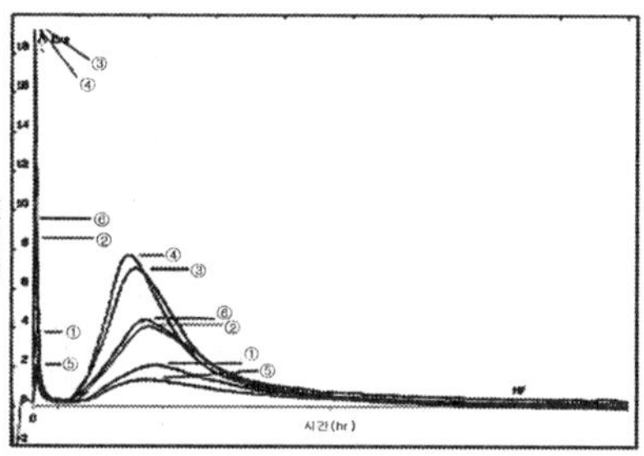

그림 3 시멘트 분쇄공정 라인별 시멘트의 수화열

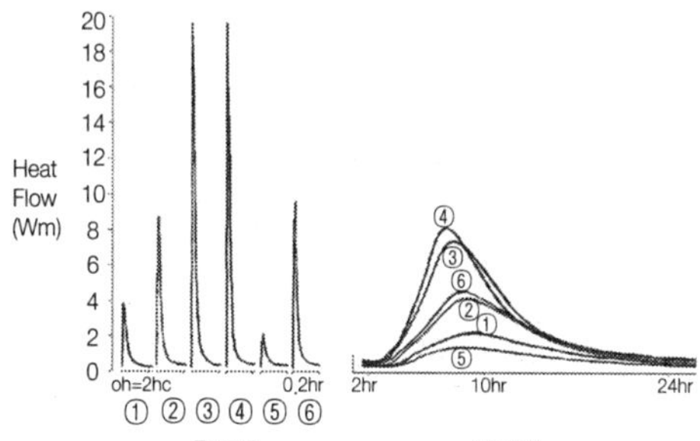

그림 4 시멘트 분쇄공정 라인별 시멘트의 수화열 피크치

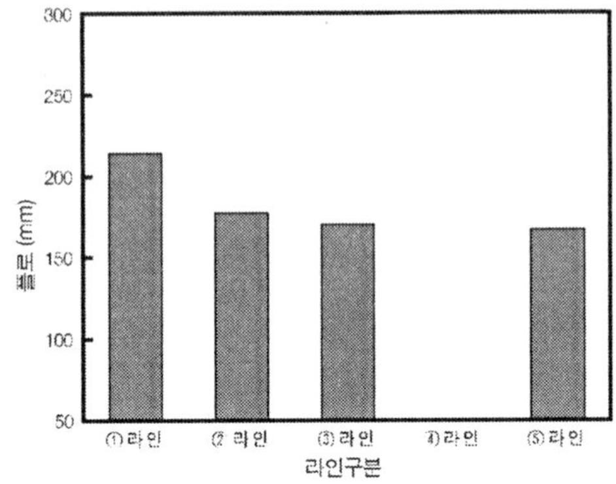

그림 5 시멘트 분쇄공정 라인별 페이스트 플로

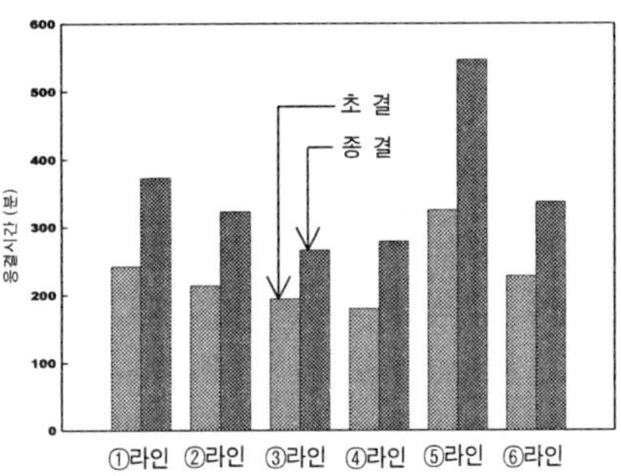

그림 6 시멘트 분쇄 공정라인별 응결시간

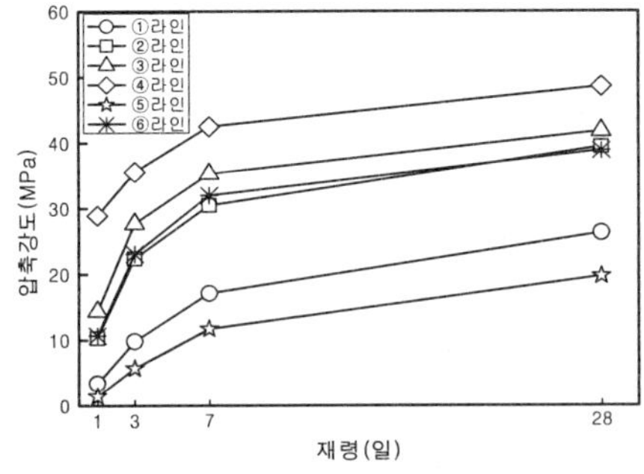

그림 7 시멘트 분쇄공정 라인별 압축강도

도가 130~140 ℃ 정도로 상승하여 시멘트 품질에 악영향을 미칠 수 있으므로 통풍강화 등의 대책이 필요하게 된다.

최종적으로 미세하게 분쇄된 시멘트는 일단 사일로에 저장되었다가 제품검사 후 출하하게 되는데, 출하는 대부분이 기차, 선박, 트럭으로 포장되지 않은 상태(Bulk 상태)가 주를 이루고 소량은 40 kg들이 지대(종이포장지)에 담아 출하한다.

3. 종 합

앞에서 언급한 바와 같이, 시멘트 제조기술의 진전은 놀랄 만한 것이지만, 특히 주목되는 것은 자동화이다. 즉 시멘트공장에서는 대량의 원료를 완전한 계통작업으로 가공하여 지체되는 곳 없이 제품을 자동적으로 생산해야 한다. 또한 고온에서 많은 열량을 사용하므로 공정상 약간의 정체도 허용되지 않는다. 그래서 최근에는 제조공정에 컴퓨터를 사용한 집중 제어방식을 채택하여 전 공장의 주요설비를 중앙관리실에서 관리, 제어하고 있다.

사진 2 시멘트 공장 중앙관리실

6. 시멘트의 수화반응

1. 서 언

콘크리트의 경우 시멘트와 골재의 혼합물에 물을 넣어 비벼주게 되면 열을 내며 굳어지게 되는 수화반응이 수반된다. 외견상으로는 초등학교만 졸업한 사람이라도 그 과정을 알 수 있겠지만 구체적으로 시멘트와 물이 어떻게 화학반응을 하여 어떤 생성물이 만들어지면서 굳어지는지 잘 알고 있는 사람은 많지 않다.

따라서 여기에서는 구체적인 시멘트의 수화반응에 대하여 고찰해본다.

2. 클링커 조성 4대광물의 특성

앞의 네 개 4단원(시멘트의 소성공정)에서 기술한바와 같이 클링커 소성

표 1 시멘트의 조성화합물과 그 특성

명 칭	분자식	약호	특 성				
			수화반응 속도	강 도	수화열	수축	화학 저항성
규산3칼슘	$3CaO \cdot SiO_2$	C_3S	빠름	재령 28일 이내의 강도 지배	약간 높음	중간	–
규산2칼슘	$2CaO \cdot SiO_2$	C_2S	느림	재령 28일 이후의 강도 지배	낮음	중간	–
알루민산3칼슘	$3CaO \cdot Al_2O_3$	C_3A	아주 빠름	재령 1일 이내의 조기강도 지배	아주 높음	크다	작음
알루민산철4칼슘	$4CaO \cdot Al_2O_3 \cdot Fe_2O_3$	C_4AF	비교적 빠름	강도에 거의 관계하지 않음	낮음	작다	–

과정에서는 표 1과 같은 4대 조성화합물이 만들어지는데, 시멘트가 수화반응을 일으킬 때에는 이와 같은 조성화합물이 표 1 및 그림 1과 같이 서로 다른 특성을 나타내게 된다.

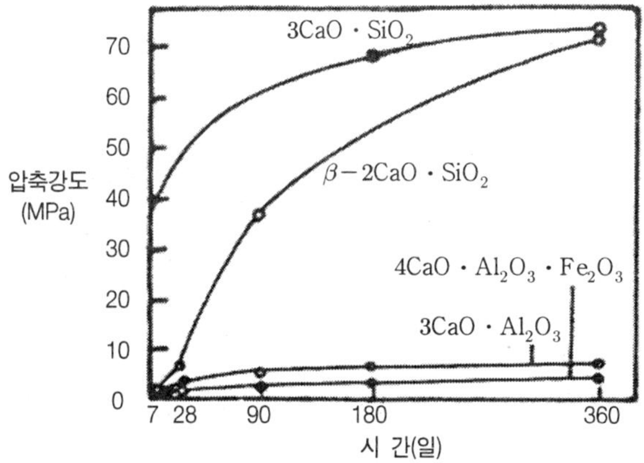

그림 1 시멘트 조성화합물의 수화 정도

표 2 포틀랜드 시멘트의 화합물 조성비율(%)

화합물	보 통	조 강	초조강	중용열
C_3S	45~58	60~68	67~68	36~45
C_2S	18~30	8~20	5 전후	33~40
C_3A	7.5~10	7~10	8~9	4~7
C_4AF	8.5~10.5	8~9.5	8 전후	10~13

따라서 이와 같은 4대 조성화합물의 구성비율은 같은 종류의 시멘트일지라도 서로 다른 성질을 나타내게 되고, 또한 시멘트 종별에도 서로 다른 분포를 보이는데, 포틀랜드 시멘트 형태별 대략적인 화합물 분포는 표 2와 같다.

3. 수화반응

시멘트가 물과 반응하여 수화물을 생성하는 과정을 알기 쉽게 나타낸 것이 그림 2이다. 즉 시멘트 입자는 그림 3과 같이 수화반응의 진행과 함께 수화생성물로 덮이고, 인근의 시멘트와 결합하여 모래·자갈을 둘러싼 단단한 콘크리트로 형성된다.

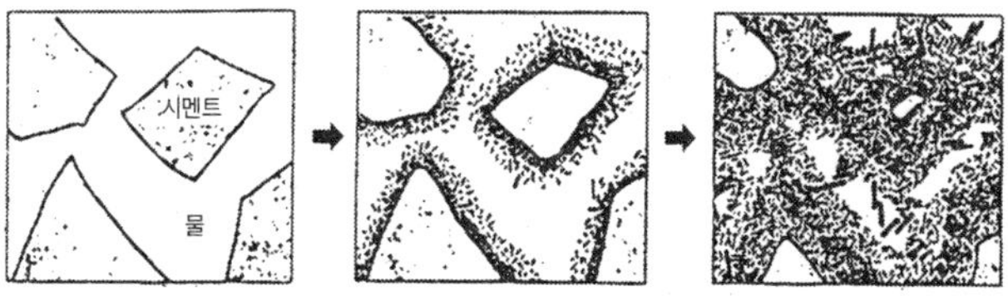

그림 2 포틀랜드 시멘트의 수화과정

	수화반응 초기	수화반응 진행기
미수화 시멘트 입자	C_3A와 석고의 반응으로 긴 바늘모양의 에트린가이트가 생성된다. (이 시점에는 아직 유동성이 있다)	에트린가이트와 C_3A가 반응하여 육각판상의 모노설파이드 수화물이 생성된다. C_3S 또는 C_2S의 수화생성물로 C-S-H량도 증가함(수화생성물의 증대로 강도가 점점 커진다)
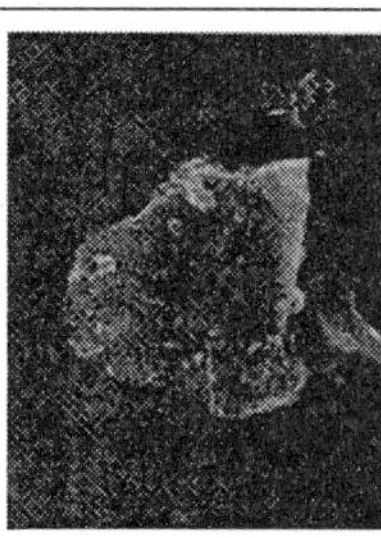	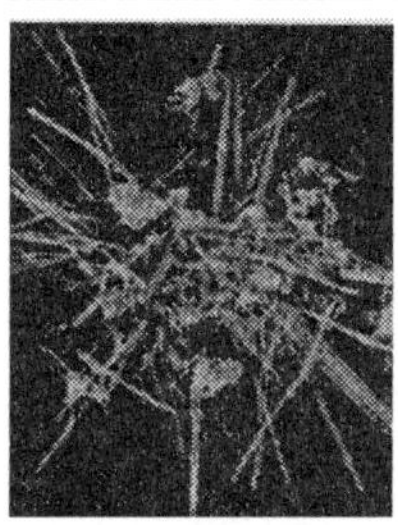	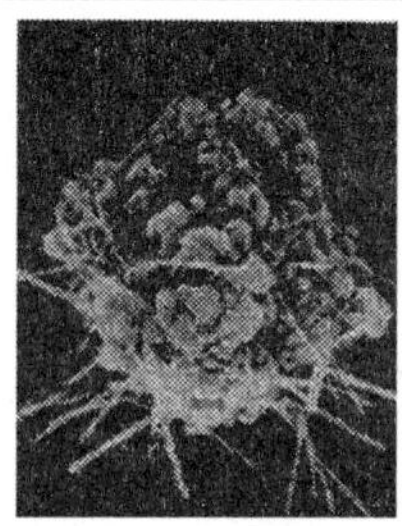

그림 3 포틀랜드 시멘트 수화물의 생성 과정

이와 같은 시멘트 화합물의 화학적인 수화반응은 그림 4와 같이 설명될 수 있는데, 이때 시멘트 입자 주위의 수화생성물 경화체의 미세구조를 모식도로 나타내면 그림 5와 같다.

결국 콘크리트의 강도 및 내구성은 골재의 입도·강도 등을 포함한 모든 요소가 중요하지만, 시멘트 입자와 입자 사이에 물이 존재하던 곳의 공극(모세관 공극)의 대소문제가 가장 중요함을 알 수 있게 된다. 결국 이는 물과 시멘트의 비율(W/C)을 낮추어(즉 동일 시멘트일 때는 물을 줄이고, 동일 물일 때에는 시멘트량을 늘림) 모세관 공극의 크기를 줄이는 것, 수화반응이 충분히 일어날 수 있도록 양생하여 공극을 줄이는 것 및 초미립자인 고로슬래그미분말, 실리카퓸 등을 혼입시켜 반응생성물로 모세관 공극을 채워주는 등의 방법이 중요함을 이해할 수 있을 것이다.

클링커 화합물	+	물	➡	수화 생성물
$3CaO \cdot SiO_2$ $2CaO \cdot SiO_2$	+	H_2O	➡	$nCaO \cdot SiO_2 \cdot mH_2O$(규산칼슘수화물) (n≒1.2~2.0) + $Ca(OH)_2$ (수산화칼슘)
$3CaO \cdot Al_2O_3$	+ $3(CaSO_4 \cdot 2H_2O)$ (석고) + + $3CaO \cdot Al_2O_3 \cdot 3CaSO_4 \cdot 32H_2O$ (에트린가이트) + +	H_2O	➡ ➡ ➡	$3CaO \cdot Al_2O_3 \cdot 3CaSO_4 \cdot 32H_2O$ (에트린가이트) $3CaO \cdot Al_2O_3 \cdot CaSO_4 \cdot 12H_2O$ (모노설파이드 수화물) $3CaO \cdot Al_2O_3 \cdot 6H_2O$ (알루민산 칼슘수화물)
$4CaO \cdot Al_2O_3 \cdot Fe_2O_3$	$3CaO \cdot Al_2O_3$와 같은 반응을 하는데, 수화생성물은 Fe_2O_3를 일부 고용하여 Al_2O_3를 $(Al_2O_3)_x(Fe_2O_3)_{1-x}$로 바꾼 형태로 표현된다.			

그림 4 포틀랜드 시멘트의 수화작용

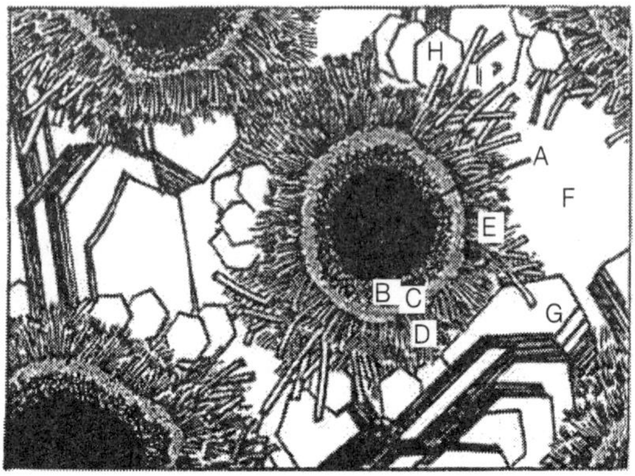

A : 미수화 시멘트 입자
B : CSH겔 TypeⅣ
C : CSH겔 TypeⅢ
D : CSH겔 TypeⅠ
E : 겔공극
F : 모세관공극
G : 수산화칼슘 결정
H : 모노설파이드
I : 에트린가이트

그림 5 시멘트 경화체의 미세구조 모식도

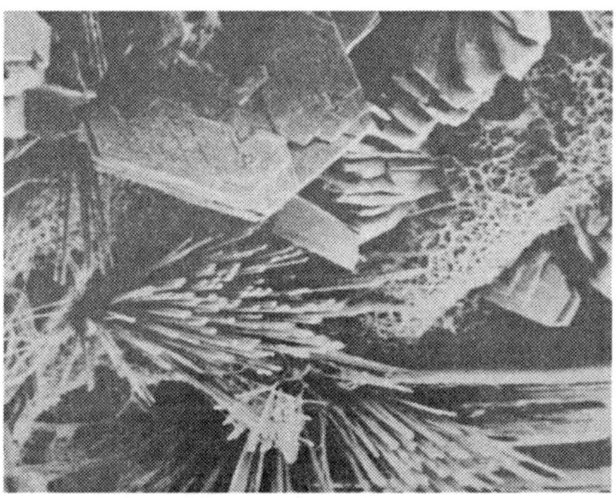

그림 6 시멘트 수화물의 전자현미경 사진

7. 응결시간의 의미

1. 서 언

비벼진 콘크리트가 굳어지는 과정 중에는 초결과 종결로 구분되는 응결시간이 존재한다. 그런데 실무에서는 이와 같은 응결시간을 정확히 이해하지 못함으로써 시멘트 혹은 콘크리트의 특성 파악이 어렵고, 또한 현장시공에서도 옳게 활용되지 못하는 경우가 있다.

따라서 여기에서는 응결시간과 관련된 사항에 대하여 분명히 해두고자 한다.

2. 사전적 의미

응결(Setting)이란 단어에 대하여 국어사전, 영어사전 및 용어사전에 기술된 내용을 정리하면 표 1~3과 같다.

3. 교과서적 의미

교과서적 응결의 의미로 대한건축학회 편 「건축재료」, 콘크리트학회편 「최신 콘크리트공학」에서는 표 4 및 5와 같고, 김무한 외 「건축재료학」에서는 그림 1과 같이 표현하고 있다.

표 1 국어사전

1. 한데 엉기어 뭉침 2. 〈물리〉 포화증기의 온도저하 또는 압축에 의하여 증기의 일부가 액체로 변하는 현상 ≒ 엉겨 굳기 3. 〈화학〉 = 엉김

표 2 영어사전

〈이전 생략〉 5. (시멘트 등의)응고, 경화, 응결 : (머리의) 세트 〈이하 생략〉

표 3 건축대사전

응결(凝結) : ①④ condensation, ② setting. ①콜로이드 입자가 모여 침전하는 현상. ②시멘트와 물을 비빈 흙탕 모양의 혼합체가 수화(水和) 작용을 일으켜 점점 유동성을 잃고 고형(固形)으로 되는 것. ③접착제에서는 교질(膠質) 졸(sol, 액체)이 겔(gel)로 변태하는 것. ④기체의 온도 및 압력의 변화로 인해 일어나는 액화(液化)현상. ①과 ④는 응축이라고도 함.

표 4 대한건축학회편「건축재료」

(4) 응결, 경화 시멘트에 물을 가하여 혼합하면 시멘트는 수화반응을 일으켜 서서히 유동성을 상실하며, 곧이어 경화하며 강도가 발생된다. 이와 같은 일련의 수화과정 중에서 일반적으로 액체상태로부터 고체상태로 변화하여가는 물리적 현상을 응결이라 하며 콘크리트의 시공기간에 중요한 영향을 미친다. 〈이하 생략〉

표 5　한국콘크리트학회 편「최신 콘크리트공학」

2.1.8 응결과 경화 시멘트는 물과 접해도 바로 굳지 않고 어느 기간 동안 유동성을 유지한 후, 재차 상당한 발열반응과 함께 수화되면서 유동성을 잃게 된다. 이것은 시멘트 입자를 구성하는 클링커 광물이 물과 반응하여 새로운 조직을 발달시키기 때문이며, 이러한 반응시기를 응결(setting)이라고 한다. 응결 이후 서서히 굳으면서 강도가 발현되는데 이와 같은 단계를 경화(hardening)라고 한다. 이러한 수화반응은 상당한 시간이 소요된다. 〈이하 생략〉

4. 올바른 의미

상기에서 조사한 바를 종합하여 응결시간의 의미를 고찰해 보면, 먼저 사전적으로는 대체적으로 엉기어 뭉치는 것으로, 유동성을 잃고 고형이 되는 것이라고 설명하고 있고, 교과서적으로도 액체상태에서 유동성을 잃고 고체상태로 변화되는 물리적 현상을 응결이라 하고 있다.

또한 김무한 외「건축재료학」의 그림 1에서는 수산화칼슘($Ca(OH)_2$: 그림 중 6각형모양)과 에트린가이트(Ettringite : 검정색으로 된 시멘트입자의 표면에 작게 빠져나온 바늘모양)가 생성되어 있는 돌먼트페리오드(Dormant period : 잠복기란 뜻으로 수화가 일시 정지된 시기)의 다음 단계로 응결(Setting)이라고 하는데, 응결시작점은 초결, 끝나는 점은 종결이고, 그 다음 단계는 경화(Hardening)의 단계가 이어지는 것으로 표시되어 있다.

그렇다면 응결시간 중 초결은 어떤 것인가? 그림 중에 에트린가이트보다 더 긴 바늘모양(Long fibers)인 CSH수화물(시멘트 중 가장 많은 부피를 차지하는 알리트 성분인 C_3S가 H_2O와 반응하여 생긴 수화물)이 생기기 시작하는 시점으로 표현하고 있는데, Long fibers가 생겼더라도 시멘트입자 간에는 아직 완벽한 결합은 생기지 않은 생태로 어느 정도 유동이 가능한 상황이다. 여기에 비해 종결은 어떤 시점인가? CSH수화물이 급성장하면서 수산화칼슘($Ca(OH)_2$)이 동시에 많이 생겨나며, 에트린가이트는 최고점에 달해있고, 포로시티(Porosity : 물을 포함하는 공극을 의미함)는 급격히 저하하는 단계이다. 또한 펠리트(C_4AF) 성분은 수화를 시작하여 $C_4(A \cdot F)H_{13}$을 생성하고, 그 조금 후에서는 에트린가이트가 모노설페이드(Monosulphate)로 전이를 일으키려고 준비하는 단계인데, 시멘트 입자표면에는 수화생성물들이 상호 교차하여 유동이 곤란해지고 결합이 발생하여 강도가 발휘되려는 상태이다.

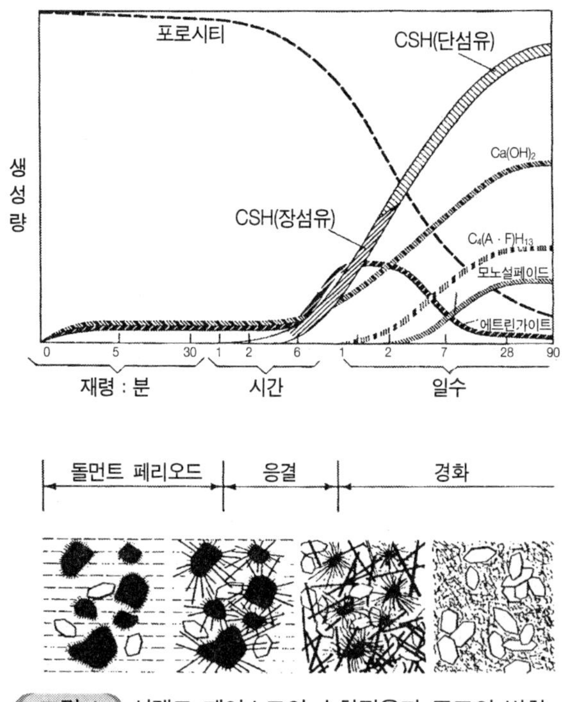

그림 1 시멘트 페이스트의 수화작용과 구조의 변화

그렇다면 초결과 종결을 어떻게 생각하면 쉽게 이해할 수 있을까? 필자는 표 6으로 응결을 설명해 본다. 즉 응결 이전 상태는 굳지 않은 콘크리트로서 액상상태이고, 초결 시점이 지나면 소성상태(어느 정도 물기를 가진 흙을 손으로 잡았을 때 그 형상이 생기는데 손을 놓더라도 원위치로 돌아가지 않고 그 모양을 유지할 정도로 건조된 상태)로 접어든다.

즉 초결이 시작되었으면 거푸집을 제거하더라도 콘크리트가 흘러내리지 않는 상태(물론 이 시기에는 거푸집을 제거할 수 없음)인 소성상태로서 이 때부터 본격적으로 시멘트는 수화반응이 시작되는데, 종결에 이르기 전까지는 소성상태로서 강도가 발휘되지 않다가 종결을 넘어서는 시점부터는 경화단계로서, 이 시점 이후부터 강도가 발휘된다.

물론 정확한 의미의 초결과 종결인 응결시간의 측정은 시멘트 페이스트의 경우는 비카침, 길모아침에 의하여 구해지고, 콘크리트의 경우는 습식 체가름한 모르타르상태에서 프록타 관입 저항치에 의하여 정량적으로 측정되는데, 상세한 실험방법은 다음 기회에 기술한다.

표 6 초결과 종결인 응결시간의 의미

구분	유동상태 변화에 따른 상변화		
콜로이드 물질	콜로이드상태	졸(sol)상태	겔(Gel)상태
흙	액상상태	소성상태	고체상태
	(액상한계)	(소성한계)	
콘크리트	액상상태 굳지 않은 콘크리트	소성상태	고체상태 경화콘크리트
	초결시간	종결시간	

8. 수요자의 요구에 부응하는 맞춤형 시멘트의 개발 및 활용

1. 서 언

시멘트의 형태는 수요와 공급의 과부족과 관련한 시장 상황에 따라 다양하게 형성된다. 즉 수요가 많고 공급이 부족할 때에는 수요자의 다양한 요구가 묵살되면서 공급자의 생산설비는 대형으로 대량생산이 가능하게 형성된다. 어찌보면 이제까지 우리나라 시멘트 산업의 모습이었다고 해도 과언이 아닐 것이다.

그러나 이제는 상황이 바뀌었다. 건설수요는 변함이 없거나 줄고 있는 반면 시멘트 생산설비는 증가하였고, 외국산 시멘트가 수입되고 있으며, 혼화재도 다량치환되는 등 이제는 수요보다 공급이 과잉인 상황으로 역전되고 있다. 그렇다면 이제부터는 수요자의 다양한 요구가 존중되어야 하는데, 우리나라의 대형인 현행 생산설비로는 수요자의 다양한 요구에 부응하기란 어려움이 따르므로 특별한 대책이 필요하게 된다.

그러므로 여기에서는 이와 같은 대형설비에서 수요자의 다양한 요구(조강, 중용열, 저열 및 14시간에 5 MPa를 발휘하는 콘크리트에 적합한 시멘트 등)에 부응할 수 있는 맞춤형 시멘트의 개발 및 활용의 일례로서 입도분급 시멘트의 분말도 변화에 따른 콘크리트의 특성변화에 관한 본인의 연구팀 연구내용 일부에 대하여 소개해 보고자 한다.

2. 방법의 개요 및 실험계획

본래 조강이나 저열포틀랜드 시멘트 등은 보통포틀랜드 시멘트와 달리 원료조합부터 소성조건, 분쇄 등을 달리하여 제조하는 것이 기본이다.

그러나 위에서 언급한 것처럼 현재의 대형설비로는 이와 같은 조건을 수시로 바꾸면서 수요자의 요구에 부응하는 것은 불가능한 일이다. 따라서 필자의 아이디어는 시멘트 생산시 클링커, 석고 및 고로슬래그 등 혼합물질을 분쇄하는 과정에서 입도를 달리 포집하여 시멘트의 분말도에 변화를 주게 된다면 어느 정도는 다양한 요구에 부응할 수 있을 것으로 생각된다.

즉 그림 1과 같은 시멘트 분쇄기 중 튜브 밀(Tube mill)을 일례로 들면 분쇄기 출구 Ⓛ 위치의 입자는 굵은 입자인데, 이와 같은 입자를 사이클론 세퍼레이터(Cyclone separator)에서 분급되어 미세한 입자는 시멘트제품으로 되고, 굵은 입자는 역송(Reture)되어 재분쇄되며, 초미립자는 세퍼레이터 백필터(Separator bag filter)에 포집되어 Ⓜ 보통포틀랜드 시멘트(OPC)에 혼합되게 된다. 따라서 OPC의 분말도는 3,500 ㎠/g 전후인데 비하여 초미립자(Ⓜ)는 6,500 ㎠/g 전후, 굵은 입자는 2,000 ㎠/g 전후로서 이들을 별도로 수집하여 각각 사용(OPC, M, L) 및 OPC와 M, L을 혼합사용(OM, OL)하는 경

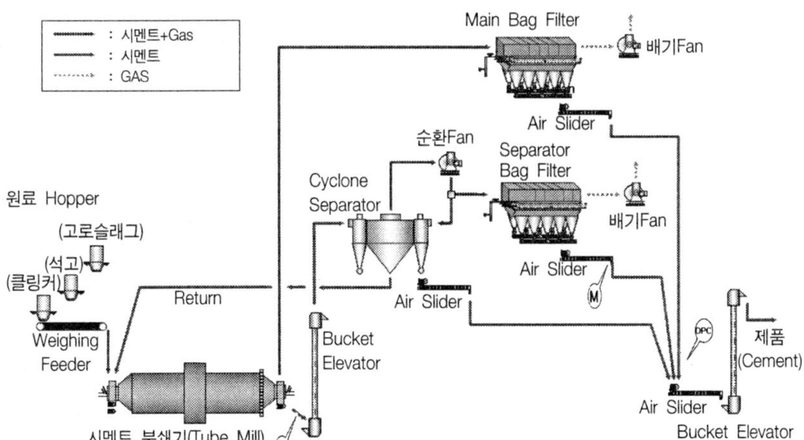

그림 1 입도 분급 시멘트의 시료채취

우를 물시멘트 50 %인 콘크리트 조건에서 표 1과 같이 실험하였다.

표 1 실험 계획

실 험 요 인		실 험 수 준	
배 합 사 항	W/C(%)	1	50
	목표슬럼프(mm)	1	180±10(OPC의 경우)
	목표공기량(%)	1	4.5±1.5(OPC의 경우)
	시멘트 종류 변화	5	• O, M, L, OM, OL
실 험 사 항	굳지 않은 콘크리트	5	• 슬럼프(경시변화 0, 30, 60분) • 공기량(경시변화 0, 30, 60분) • 응결시간
	경화 콘크리트	1	• 압축강도(1, 3, 7, 28일)

* O : OPC, M : 미립자 시멘트, L : 굵은 입자 시멘트,
OM : OPC+미립자 시멘트(1 : 1), OL : OPC+굵은 입자 시멘트(1 : 1)

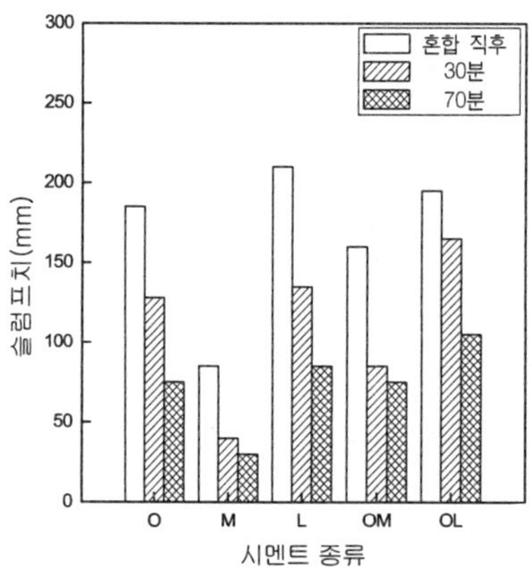

그림 2 시멘트 종류 변화에 따른 슬럼프

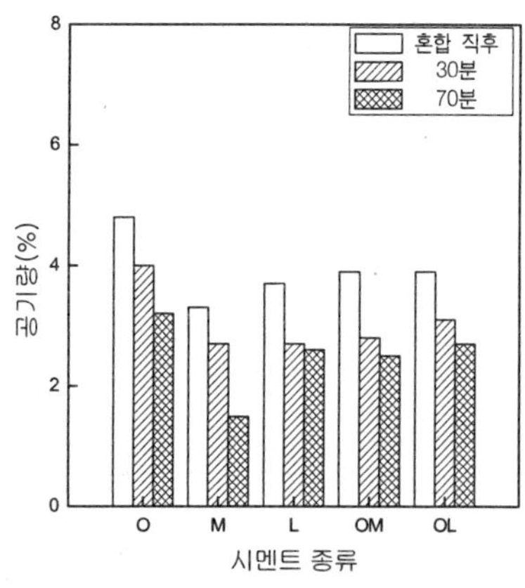

그림 3 시멘트 종류 변화에 따른 공기량

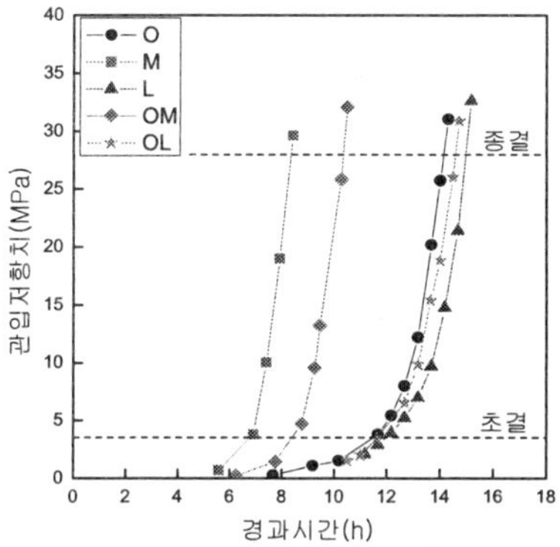

그림 4 경과시간에 따른 관입저항치

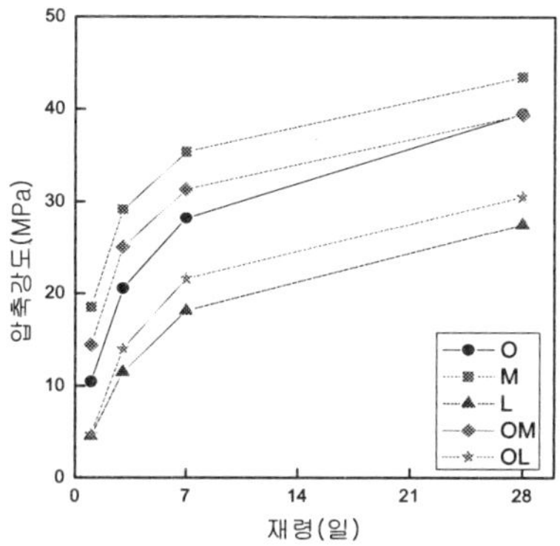

그림 5 경과시간에 따른 압축강도

3. 실험결과 및 결론

실험결과 그림 2 및 3과 같이 M 및 OM 등 초미립자 시멘트를 사용한 콘크리트는 L 및 OL과 달리 시멘트의 높은 분말도에 기인하여 유동성 및 공기량이 저하하는 경향을 보였고, 그림 4와 같이 응결시간은 M, OM, OPC, OL, L의 순으로 미립자 시멘트를 사용한 콘크리트일수록 빠른 응결특성을 나타냈는데, 특히 M은 OPC보다 약 8시간 정도 응결시간이 단축되었다. 압축강도는 그림 5와 같이 M 및 OM을 사용한 콘크리트가 가장 크게 나타나 OPC보다 초기재령에서 높은 조강성을 나타내고 있으므로 조강형 시멘트로의 활용이 가능할 것으로 사료되고, 역으로 L 및 OL은 중용열 및 저열형 시멘트의 활용이 기대된다.

그러므로 어느 시간대에, 어느 기상조건에서 얼마의 강도발휘를 수요자가 요구하게 되면 OPC와 별도인 사일로에 초미립자와 굵은입자를 저장하였다가 혼화재와 유사한 방법으로 혼합 · 활용하여 레미콘을 출하하게 되면 결국 수요자의 다양한 요구에 부응하는 맞춤형 시멘트로의 개발 및 활용이 가능할 것으로 판단된다.

9. 중국 시멘트의 현황 및 국가 규격

1. 서 언

한국의 건설산업은 IMF 지원체제를 벗어나면서 어느 정도 호전되는 기미를 보이는 듯하였지만, 정부의 강력한 부동산 투기 억제 정책으로 다시 위축되어 활로를 찾지 못하고 있는 실정이다. 시멘트 산업의 경우도 예외 없이 현재 공급이 과잉되어 재고가 누적되고 있음에도 불구하고 설상가상으로 저가의 중국산 시멘트가 수입되는 등, 한국의 시멘트 산업은 사면초가에 놓여 있는 실정이다.

그러므로 본 서에서는 중국 국가규격 차원에서 시멘트의 품질 규준을 우리나라와 비교·분석함으로써 현실을 정확히 이해하고 미래의 올바른 방향을 설정하는데 도움을 주고자 하는데, 특히 여기에서는 중국 시멘트의 현황과 시멘트에 대한 국가 규격을 우리나라와 비교하고, 다음 단원에서는 품질규격에 대하여 기술한다.

2. 중국 시멘트의 현황

1999년 초반의 경우, 중국의 시멘트 공장은 전국적으로 약 8,000여 개에 달했었다. 그러나 중국에서는 전국적인 품질검사를 실시하여 1999년 5월 5일자로 규격 미달인 시멘트 공장 4,226개를 도태시킨 바 있는데, 이와 같은 정책을 실시한 후 현재는 5,000여 개의 시멘트 공장이 존재하고 있다. 이 중에는 연간 시멘트 판매액이 500만 위안(1위안은 한국원화로 130원 정도임) 이상인 공장도 4,000여 개에 달한다.

2004년 중국 시멘트 생산량은 8억 톤 전후로 전세계 시멘트 생산량의 1/3 이상을 차지하여 연속 20년간 세계 시멘트 생산량 1위를 차지했다. 그러나 2002년 중국 시멘트 공장의 평균 연간생산량은 겨우 15만 톤 전후로, 선진국가의 60만 톤에 비해 매우 작은 생산효율성을 보이고 있다.

중국은 세계 최대의 시멘트 생산국이지만, 시멘트 수출비율은 매우 작다. 시멘트의 최고 수출 연도는 1999년에 1,200만 톤으로 당년 시멘트 생산량의 2 %를 차지했다. 그러나 2004년에는 1 % 정도에 그쳤고, 2005년에는 약 1,500만 톤 전후로 중국내 생산량의 1.47 %인데, 수출량은 증가하였지만 수출비율은 오히려 줄어들고 있다.

중국내 판매가격은 지역, 강도 및 품질별로 ton당 대략 300 위안~700 위안 사이이고, 해외 수출가격은 중국내 판매가격보다 10 %~20 % 정도 높은데, 주요수출 대상국은 우리나라이다.

3. 시멘트의 종류

중국은 2001년 4월에 시멘트의 종류에 대하여 새로운 표준을 제정하고 있

표 1 중국과 우리나라의 시멘트 종류

중 국	한 국
① GB 175 : 포틀랜드 시멘트	① KS L 5201 포틀랜드 시멘트
보통포틀랜드 시멘트	② KS L 5210 고로슬래그 시멘트
	③ KS L 5211 플라이애시 시멘트
② GB 1344 : 슬래그 포틀랜드 시멘트	④ KS L 5401 포틀랜드 포졸란 시멘트
화산재 포틀랜드 시멘트	⑤ KS L 5204 백색 포틀랜드 시멘트
플라이애시 포틀랜드 시멘트	⑥ KS L 5217 팽창성 수경 시멘트
	⑦ KS L 5214 마그네시아 단열 시멘트
③ GB 12958 : 복합포틀랜드 시멘트	⑧ KS L 5219 메이슨리 시멘트
	⑨ KS L 5205 내화물용 알루미나 시멘트
	⑩ KS L 5215 석면단열 시멘트
	⑪ KS L 5216 팽창 질석을 사용한 단열 시멘트
	⑫ KS L 1592 도자기질 타일 시멘트

다. 종류와 관련해서는 다음 표 1과 같이 3개 규격에 6대 시멘트를 정하고 있고, 또한 포틀랜드 시멘트의 분류는 표 2와 같으며, 강도등급에 의한 분류는 표 3과 같다.

표 2 중국과 우리나라의 포틀랜드 시멘트 분류의 비교

중 국	한 국
〈GB 175〉 Ⅰ형 포틀랜드 시멘트(P·Ⅰ) : 혼화재료를 첨가하지 않은 것 Ⅱ형 포틀랜드 시멘트(P·Ⅱ) : 클링커 분쇄시 5%를 초과하지 않는 석회석 혹은 고로슬래그 미분말을 첨가한 것 보통포틀랜드 시멘트(P·O) : 클링커에 6~15%의 혼화재료, 적당량의 석고를 분쇄해서 만든 것	〈KS L 5201〉 1종 : 보통 포틀랜드 시멘트 2종 : 중용열 포틀랜드 시멘트 3종 : 조강 포틀랜드 시멘트 4종 : 저열 포틀랜드 시멘트 5종 : 내황산염 포틀랜드 시멘트

표 3 중국과 우리나라의 시멘트의 강도등급에 의한 분류 비교

중 국	한 국
P·Ⅰ : 425R, 525, 525R, 625, 625R, 725R P·Ⅱ : 425R, 525, 525R, 625, 625R, 725R P·O : 325, 425, 425R, 525, 525R, 625, 625R	규정 없음

10. 중국 시멘트의 품질 규격

1. 서 언

중국 시멘트의 현황과 국가규격에 대한 이해를 기술한 전 단원에 이어 본 단원에서는 중국 시멘트에 대한 품질규격을 우리나라 KS규격과 비교하여 고찰하도록 한다.

2. 화학 및 물리적 성질

중국 시멘트 규정과 우리나라 시멘트 규정은 서로 체제도 다르고 방대한 양이므로 전체를 상세히 비교하기에는 무리가 따른다. 따라서 본 서에서는 포틀랜드 시멘트를 중심으로 화학 및 물리적 성질에 대하여 그 차이만을 비교하면 표 1과 같다.

상호간의 품질 규정 범위에는 약간의 차이가 존재하지만 전체적으로는 대동소이한 경향이 있다.

3. 강도 특성

강도 특성으로 중국 시멘트의 경우는 표 2와 같이 강도등급별로 규정된 재령에서 압축강도와 휨강도로 구분하여 품질을 규정하고 있는데 비하여 우리나라 시멘트의 경우는 표 3과 같이 각 시멘트의 종류별 각 재령에서 압축강도만을 규정하고 있다. 단, 압축강도의 시험방법으로 중국의 경우는 복건성 표준사를 사용하여 1 : 3 모르타르 배합비로 70.7 mm 입방시험체를 제작

표 1 중국과 우리나라 시멘트의 화학성분 및 물리적 성질 규정 비교

구분	품질항목		중국			우리나라				
			P · I	P · II	P · O	1종	2종	3종	4종	5종
화학성분	실리카(SiO_2) (%)		-	-	-	-	20.0↑	-	-	-
	산화알루미늄 (Al_2O_3) (%)		-	-	-	-	6.0 ↓	-	-	-
	산화제이철 (Fe_2O_3) (%)		-	-	-	-	6.0 ↓	-	-	-
	불용잔분 (%)		0.75↓	1.50↓	-	-	-	-	-	-
	산화마그네슘 (MgO) (%)		일반적인 경우 5.0↓ : 단, 오토클레이브 안정성 시험에 합격된 경우 6.0↓			5.0↓				
	삼산화황 (SO_3) (%)	C_3A 8% 이하일 때	3.5↓			3.0↓		3.5↓	2.3↓	
		C_3A 8% 이상일 때				3.0↓	-	4.5↓	-	-
	강열감량 (%)		3.5↓		5↓	3.0↓			2.5↓	3.0↓
	알칼리 (%)		0.60↓ 혹은 쌍방의 협의에 따라 결정			0.60↓				
	C_3S (%)		-			-	-	-	35↓	-
	C_2S (%)		-			-	-	-	40↑	-
	C_3A (%)		-			-	8↓	15↓	7↓	5↓
	C_3S+C_3A (%)		-			-	58↓	-	-	-
	$C_4AF+2(C_3A)$, 혹은 (C_4AF+C_2F) 고용체 (%)		-			-	-	-	-	25↓
물리적 성질	분말도 (㎠/g)		비표면적은 3,000 ㎠/g↑, 80 ㎛체의 잔류량은 10.0%↓			2,800↑		3,300↑	2,800↑	
	응결시간 (분)		초결 45↑ 종결 390↓		초결 45↑ 종결 600↓	길모어시험 : 초결 60↑, 종결 600↓ 비카시험 : 초결 45↑, 종결 375↓				
	안정성 (%)		0.8↓		0.5↓	0.8↓				
	수화열 (cal/g)	7일	-	-	-	-	70↓	-	60↓	-
		28일	-	-	-	-	80↓	-	70↓	-

표 2 우리나라 시멘트 강도등급

시멘트	강도 등급	압축강도(MPa)		휨강도(MPa)	
		3일	28일	3일	28일
포틀랜드 시멘트 (P·Ⅰ, P·Ⅱ)	425R	22.0↑	42.5↑	4.0↑	6.5↑
	525	23.0↑	52.5↑	4.0↑	7.0↑
	525R	27.0↑	52.5↑	5.0↑	7.0↑
	625	28.0↑	62.5↑	5.0↑	8.0↑
	625R	32.0↑	62.5↑	5.5↑	8.0↑
	725R	37.0↑	72.5↑	6.0↑	8.5↑
보통 포틀랜드 시멘트 (P·O)	325	12.0↑	32.5↑	2.5↑	5.5↑
	425	16.0↑	42.5↑	3.5↑	6.5↑
	425R	21.0↑	42.5↑	4.0↑	6.5↑
	525	22.0↑	52.5↑	4.0↑	7.0↑
	525R	26.0↑	52.5↑	5.0↑	7.0↑
	625	27.0↑	62.5↑	5.0↑	8.0↑
	625R	31.0↑	62.5↑	5.5↑	8.0↑

표 3 우리나라 시멘트 강도등급

강도등급	압축강도(MPa)			
	1일	3일	7일	28일
1종	-	13.0↑	20.0↑	29.0↑
2종	-	11.0↑	18.0↑	28.5↑
3종	13.0↑	25.0↑	28.0↑	31.0↑
4종	-	-	7.5↑	18.0↑
5종	-	9.0↑	16.0↑	21.0↑

표 4 중국과 우리나라 시멘트의 로트크기 비교

중 국	한 국
• 연생산능력 120만 톤 이상일 경우, 로트의 크기는 1,200 톤 이하 • 연생산능력 60만 톤~120만 톤 사이일 경우, 로트의 크기는 1,000 톤 이하 • 생산능력 30만 톤~60만 톤 사이일 경우, 로트의 크기 600 톤 이하 • 연생산능력 10만 톤~30만 톤 사이일 경우, 로트의 크기는 400 톤 이하 • 연생산능력 10만 톤 이하일 경우, 로트의 크기는 200 톤 이하	규정 없음

규정된 재령에서 시험을 실시하는데 비하여 우리나라의 경우는 주문진 표준사를 1 : 2.45 모르타르 배합비로 50.0 mm 입방시험체를 제작하여 측정함에 따라 중국과 우리나라의 압축강도를 동일하게 비교하기는 곤란하다.

4. 로트의 크기

또한, 중국과 우리나라 시멘트의 품질시험 및 검사에서 로트 크기를 비교하면 표 4와 같다. 즉 중국의 경우는 시멘트 생산량에 따라 5단계로 구분하여 규정하고 있지만 우리나라의 경우에는 구체적으로 규정되어 있지 않다.

5. 결 언

전회 및 금번 회에서는 중국과 우리나라의 시멘트 종류 및 품질에 대하여 개괄적으로 비교·분석해 보았다. 상기 내용에서 알 수 있는 바와 같이 중국의 시멘트는 한국과 같이 포틀랜드 시멘트를 5종으로 구분하지 않고, 혼화재 치환율에 따라 포틀랜드 시멘트(P · I , P · II)와 보통 포틀랜드 시멘트(P · O)로 구분하고, 다시 28일 압축강도에 따라 P · I , P · II는 6등급, P · O는 7등급으로 구분하여 품질을 관리하고 있다.

따라서 중국의 시멘트를 올바르게 이해하지 못하고 단순히 품질이 나쁘다느니, 좋다느니 속단하는 경우가 있는데, 이는 바람직하지 못한 자세로서 상세한 품질과 가격을 동시에 고려하는 가치공학적 측면과 품질변동, 수요자의 인식 등 종합적 차원에서 정확하게 그 위치를 평가할 필요가 있다.

11. 석회석 미분말을 사용한 콘크리트의 특성

1. 서 언

석회석은 시멘트 제조의 주 원료로 가장 많이 이용되고 있지만 그 이외에도 철 및 비철금속산업, 화학공업, 상하수처리, 공해방지, 식품 분야, 농업분야 등에도 광범위하게 이용되고 있다. 특히, 저품질의 석회암은 콘크리트용 골재 및 아스콘용 필러로도 각광을 받고 있는데, 최근의 경우는 석회석 미분말을 시멘트의 광물질 혼화재료 중 하나로 적극 활용하고자 하는 경향도 있음에 여기에서는 이와 같은 내용에 대하여 소개해보도록 한다.

2. 석회석 미분말의 사용 동향

KS L 5201(포틀랜드 시멘트)에는 표 1과 같이 포틀랜드 시멘트 중에 석회석 미분말을 최대 5 %까지 혼합하여 사용하는 것도 허용되어 왔다. 이와 같은 내용은 일본의 JIS R 5201(포틀랜드 시멘트)와 동일하지만 프랑스에서는 석회석 미분말을 35 %까지 혼입 가능한 혼합시멘트가 규격화되어 있고, 독일이나 영국 등에서도 석회석 미분말을 다량 혼합한 시멘트의 도입에 적극적인 면을 보이고 있다. 이는 자원절약, 에너지절약, 이산화탄소 발생 저감(지구온난화 방지대책) 등의 관점으로부터 적극적인 검토가 기대되는 사안이다.

표 1 KS L 5201의 규정

4. 원료 및 제조방법 - 생략 - 다만, KS L 5210(고로슬래그시멘트)에서 규정한 슬래그나 KS L 5401(포틀랜드 포졸란 시멘트)에서 규정한 포졸란 또는 KS L 5405(플라이애시)에서 규정한 플라이애시 및 기타 첨가재 등을 시멘트의 5% 이내에서 혼합 분쇄 또는 단독 분쇄 후 혼합할 수 있다.

3. 석회석 미분말의 작용

석회석 미분말은 콘크리트용 혼화재의 분류 중에서 충전재에 속하지만 완전 불활성은 아니고 약 반응성 재료로 인식되고 있다. 즉 포틀랜드 시멘트 정도 이상으로 미분쇄된 석회석 미분말은 시멘트와 반응하고, 응결이나 강도발현성에도 영향을 미친다. 즉 $C_3A \cdot CaCO_3$(석회석미분말)$-H_2O$(W/C=100 %)계로서 반응시키면 수화 2시간에서 $C_3A \cdot CaCO_3 \cdot 11H_2O$(모노칼보알루미네이트)와 C_3AH_6가 다량 생성되고 장기간에 걸쳐 안정적으로 존재한다. 이 계에 석고를 첨가하면 수화반응 초기로부터 에트린가이트(Ettringite)가 생성되고, 수화반응에 의해 석고가 소비되면 에트린가이트의 감소와 동시에 모노칼보알루미네이트가 생성된다. 시멘트 페이스트에도 거의 같은 양상이 발생한다.

또한, 수화 초기에 생성된 $C_3A \cdot 1/2CaCO_3 \cdot 12H_2O$의 용해와 함께 석회석 미분말은 반응하여 모노칼보알루미네이트로 된다는 설도 있다.

4. 콘크리트의 특성

석회석 미분말을 콘크리트용 혼화재료로 이용하는 방법으로는 잔골재로

치환하는 외할치환방법과 시멘트에 치환하는 내할치환방법이 있다. 먼저 전자의 외할치환방법은 30~40 %까지 치환해도 압축강도는 증진된다는 보고가 있다. 단, 재령 증가에 따른 증진효과는 포졸란 재료와 달리 저감되어 가는 것이 특징이다.

후자인 내할치환방법은 실무에서 가장 의미 있게 검토될 수 있는 방법으로, 그림 1 및 2와 같이 저온이고, 초기재령일수록 10 % 전후의 치환율에서 최대의 효과를 올릴 수 있는 특징이 있지만 장기강도에는 거의 효과가 없다. 따라서 석회석 미분말의 초기강도 증대에 관한 메커니즘은 앞에서 설명했지만 반드시 명확하게 되어 있는 것은 아니고, 모노칼보알루미네이트 생성에 기인한다는 설, 시멘트 입자간에 충전되는 것에 의한 미분말효과설, $CaCO_3$가 결정핵 생성의 장으로 작용하여 수화를 촉진한다고 하는 설 등이 제안되어 있다.

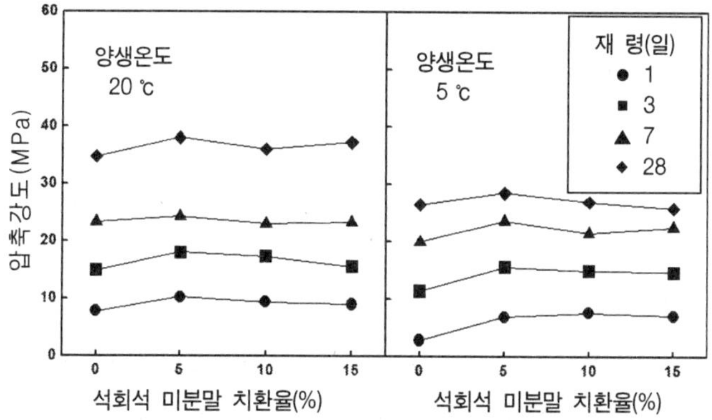

그림 1 석회석 미분말 치환율 변화에 따른 압축강도
(모르타르 배합비=1 : 3, 목표 플로=150 mm)

석회석 미분말의 치환이 압축강도 이외의 특성에 미치는 영향으로는 유동성의 개선, 블리딩의 저감, 고유동 콘크리트의 무기질 증점재로서의 이용,

초결과 종결인 응결시간의 단축 및 공극충전에 따른 콘크리트 표면 미관 향상 등 장점이 있는 반면, 건조수축이 약간 크고, 중성화가 약간 증가하는(단위시멘트량 감소만큼) 문제점도 있다.

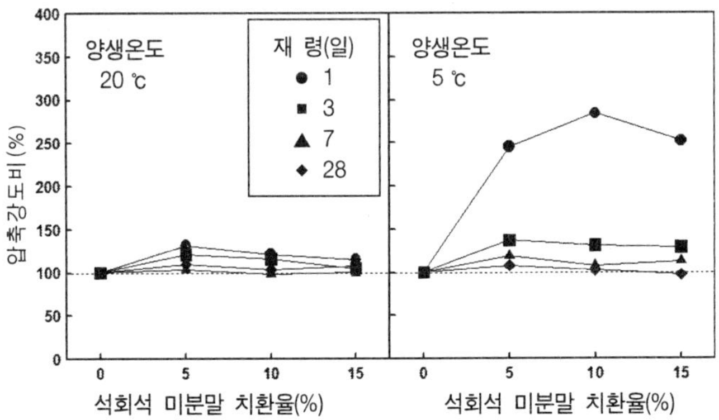

그림 2 석회석 미분말 치환율 변화에 따른 압축강도비

5. 결 언

이상과 같이 석회석 미분말은 자원절약, 에너지절약, 지구온난화 방지 등 환경적 차원 및 콘크리트의 초기 품질 향상 차원에서 적극적으로 활용할 필요성이 있는 재료이다. 특히 이 재료를 시멘트 생산시 순도 저하로 폐기처분된 석회암 폐석을 골재화할 때 발생하는 부산물 미분말, 폐콘크리트에서 순환골재 생산시 발생하는 부산물 폐콘크리트 미분말 및 시멘트 생산시 발생하는 시멘트 킬른더스트(CKD) 등 처치 곤란한 폐기물 및 산업부산물을 적극 이용하면 일석이조의 효과를 올릴 수 있다. 더욱이 석회석 미분말은 겨울철 응결시간 지연 및 초기강도 저하로 고민하는 플라이 애시 및 고로슬래그 미분말의 대용으로 이 재료를 활용하게 되면 초기 품질향상은 물론 표면마감성 향상 효과까지도 얻게 되어 금상첨화격이 된다.

12. 콘크리트용 용수의 염화물 등 수질 규정

1. 서 언

얼마 전 모 건설공사현장 품질관리실에 근무하는 김○○ 씨로부터 다음과 같은 전자우편을 받은 바 있다.

> 현장에서 업무 수행중 궁금한 사항이 있어 교수님께 문의 드립니다.
> 2003년도 개정 콘크리트 표준시방서 해설(한국콘크리트학회 발간)의 p.52에 '상수돗물은 시험하지 않아도 사용할 수 있으며 상수돗물 이외의 물의 품질은 표 2.3과 같다'라는 표현이 있고, 표 2.3에서 염소이온량은 150 ppm 이하라고 표기되어 있으며, 한국도로공사나 인천국제공항의 건설 콘크리트 시공지침에도 염화물 이온량은 150 ppm 이하라고 표기되어 있습니다. 그런데 환경부 홈페이지의 먹는물 수질기준의 우리나라 먹는샘물(NMW) 수질기준에 의하면 염소이온 농도가 250 ppm으로 표기되어 있고, 한국수자원공사의 홈페이지 수질검사의 수질기준에 따르면 250 ppm 이하라고 표기되어 있습니다.
> 환경부와 한구수자원공사의 염소이온 수질기준 250 ppm을 적용한다면 상수돗물이나 먹는 물 모두가 콘크리트 사용수로 적합한 것은 아니고, 먹는 물이라 하더라도 테스트에 합격하여야 하는 것이 아닌지 궁금하여 질문을 드립니다.

상기의 내용의 해답으로부터 콘크리트용 용수의 염화물 규정 등 수질규정에 대하여 분석해 본다.

2. 용수의 수질 규정

1) KS F 4009

1994년 개정 규격 이전인 경우 "물"에 대하여는 다음 표 1과 같이 규정되어 있었고, 그 이후에는 표 2와 같다.

2) 건축공사 표준 시방서

KS F 4009와 유사하게 1986년 개정 건축공사 표준 시방서 제5장 철근콘크리트공사(이하 KASS-5)에서는 깨끗한 물을 요구하는 서술적 규정만으로 되어 있었으나, 1994년 개정본 이후부터는 표 3과 같이 규정하고 있다. 단,

표 1 1986년 KS F 4009 규정

2.3 물 물은 깨끗하고 기름, 산, 염류, 유기물 등 콘크리트 및 강재에 영향을 주는 물질을 해로운 양만큼 포함하고 있으면 안 된다.

표 2 1994년 KS F 4009의 규정

2.3 물 물은 부속서 2에 적합한 것을 사용한다.

부속서 2 레디믹스트 콘크리트의 혼합에 사용되는 물

〈생략〉

4. 상수돗물

상수돗물은 시험을 하지 않아도 사용할 수 있다. 또한, 수도법에 따른 상수돗물의 품질을 부속서 2 참고 표에 표시한다.

부속서 2 참고 표 상수돗물의 품질

시험 항목	허 용 량
색 도	5도 이하
탁 도	2도 이하
수소 이온 농도(pH)	5.8 ~ 8.5
증발 잔유물	500 ppm 이하
염소이온량	150 ppm 이하
과망간산칼륨 소비량	10 ppm 이하

5. 상수돗물 이외의 물

상수돗물 이외의 물의 품질은 8.1의 시험방법에 따라 시험하여 부속서 2 참고표에 표시하는 기준에 적합하여야 한다. 다만, 수도법의 수질기준에 따라 상수돗물의 품질을 만족시키고 있는 경우는 상수돗물에 준하여도 좋다.

이 내용은 일본산업규격(JIS A-5308) 및 일본건축학회 건축공사 표준시방서(JASS-5)의 규정과 동일하다.

표 3 1994년 KASS-5의 규정

5.3.4 비빔 용수

가. 콘크리트에 사용하는 물은 상수도 또는 표 5.3.4에 나타낸 KASS-5T-301(철근콘크리트용 용수의 수질시험방법)에 의한 물의 품질 규정에 적합한 것으로 한다.

표 5.3.4 물의 품질 규정

항 목	품 질
현탁물질의 양	2 g/ l
용해성 증발 잔류물의 양	1 g/ l
염소이온	200 ppm 이하
시멘트의 응결시간 차	초결 30분 이내, 종결 60분 이내
모르타르 압축강도 비율	재령 7일 및 재령 28일에서 90% 이상

나. 레디믹스트 콘크리트의 경우는 KS F 4009(레드믹스트 콘크리트)의 2.3 (물)에 따른다.

3) 콘크리트 표준 시방서

콘크리트학회(KCI)의 콘크리트 표준 시방서인 경우는 1999년 개정본의 경우 깨끗한 물을 요구하는 서술적인 규정이었으나, 2003년 개정본부터는 KS F 4009의 부속서 2에 따르도록 규정하고 있다.

3. 염화물 등 수질규정의 재고

콘크리트용 용수에 대한 염화물 등을 포함한 수질규정은 콘크리트 표준시방서인 경우 KS F 4009 부속서 2에 따르도록 되어 있음에 결국 KS F 4009의 부속서 2 품질규정이 중요하다.

이는 1994년 개정 당시 우리나라 수도법에 근거하여 상수도수는 「먹는물 수질기준 및 검사 등에 관한 규칙 제2조」를 참조하여 특히 염화물인 경우는 150 ppm 이하로 규정하고 있었지만, 현행의 경우는 이 규정이 250 mg/ l 로 개정되어 있다.

즉 먹는 물 수질기준에는 미생물에 관한 4항목, 건강상 유해 영향 무기물질 11항목, 건강상 유해영향 유기물질 16항목, 소독제 및 소독부산물 8항목, 심미적 영향물질 16항목 합계 55항목을 정하고 있는데, 부속서 2에 정한 모든 시험 항목은 심미적 영향물질로서 특히 염화물로서 염소이온량의 경우도 인체에 유해한 것은 아니고 단순히 맛에 관한 검사항목으로 150 ppm을 250 mg/ l 로 완화하여 개정된 것으로 추측된다.

그러나 콘크리트용 용수로서의 염소이온량은 철근콘크리트 구조물의 철근 부식 문제와 연관하여 중요하게 작용되는 사항으로 단순한 사항이 아님에 한번쯤은 집고 넘어갈 필요가 있다.

콘크리트 1 m^3 제조에 단위수량을 185 kg/m^3로 가정하고 염소이온량이 150 ppm이라면 Cl^-량은 $185 \times 150 \times 10^{-6} \fallingdotseq 0.028$ kg/m^3이고, 250 ppm이라면 Cl^-량은 0.046 kg/m^3로 0.018 kg/m^3의 증가를 가져오게 된다. 그러나 이 경우는 콘크리트 1 m^3당 염화물 이온량 0.30 kg(300 g)을 규정하게 된 배경{레미콘품질관리 I 의 IV-6(염화물시험) 참조}에서 서술한 바와 같이 잔골재의 NaCl 0.04 %인 800 kg/m^3에서 0.194 kg/m^3, 단위시멘트량 350 kg/m^3로 가정한 시멘트의 염소이온량에서 0.053 kg/m^3 및 물에 존재하는 염소이온량과의 합으로서,

종전 : $0.194+0.053+0.028=0.275 \fallingdotseq 0.30$ kg/m^3

개정 : $0.194+0.053+0.046=0.293 \fallingdotseq 0.30$ kg/m^3

약간의 차이로 결국 개정 수도법에 따른 품질을 적용하여도 염소이온량 0.30 kg/m^3 이하로 관리하는 현행제도에는 문제가 없을 것으로 사료된다.

참고로 최근 서울시 6개 정수장 상수원수 및 정수수질에 대하여 검사한 결과에서는 12~19 mg/ l 임을 참고하면 규정이 완화되었더라도 역시 실무에서는 문제시 될 사안이 아닌 것으로 조사된다. 단, KASS-5는 일본 규정을 인용하고 있는 것인데, 이는 우리의 실정을 고려하지 않고 있어 이 부분은 수정되어야 할 것이다.

종합적으로 현재의 KS F 4009, 건축 및 콘크리트 표준 시방서는 다음 표 4와 같이 개정되어야 할 것으로 사료된다.

표 4 부속서 2 참고표 1 상수돗물의 품질에 대한 검토

시험 항목	허 용 량	
	현 행	개정 요망
색도	5 도 이하	좌동
탁도	2 도 이하	0.3 NTU* 이하
수소이온농도(pH)	5.8~8.5	좌동
증발 잔유물	500 ppm 이하	500 mg/ l 이하
염소이온량	150 ppm 이하	250 mg/ l 이하
과망간산칼륨 소비량	10 ppm 이하	10 mg/ l 이하

* NTU : Nephelometric Turbidity Unit의 약자로 물의 흐린 정도를 나타내는 측정단위

물론 부속서 2의 표 1뿐만 아니라 표 2(상수돗물 이외의 물의 품질), 표 3(회수수의 품질)에도 역시 150 ppm 이하는 250 mg/ l 이하로 수정되어야 한다.

결국, 서론에서 질문한 내용에서 KS F 4009 및 콘크리트 표준시방서의 염소이온량 150 ppm 이하(KASS-5는 200 ppm 이하)는 상수도 수질에서 근거하였으므로 현행 250 mg/ l 인 상수도 수질에 맞춰 모두 통일되게 개정되어야 하고, 상수도 등 먹는 물인 경우는 수질시험을 할 필요가 없는 것이 규정의 기본 취지이므로 굳이 현행 KS 및 시방서 규정을 들어 먹는 물을 시험할 필요는 없다.

II 보통 콘크리트

1. 콘크리트의 역사
2. 콘크리트의 균열에 대한 사고(思考)
3. 콘크리트의 허용균열폭
4. 콘크리트의 균열방지
5. 건설물의 온도변화에 따른 팽창 · 수축
6. 콘크리트의 조성 및 보수 · 보강에서의 선팽창계수
7. 소규모 포장콘크리트의 결함방지
8. 공장바닥 마감 콘크리트 표면층의 균열 및 층분리
9. 기둥에 발생한 인장균열
10. 유해한 작용에 대한 보호
11. 양생중인 콘크리트의 진동으로부터 보호
12. 콘크리트의 백화(白華 ; Efflorescence) 방지
13. 콘크리트의 「암」 알칼리골재반응

1. 콘크리트의 역사

1. 서 언

콘크리트 제조에 있어 가장 기본이 되는 재료는 시멘트이다. 따라서 콘크리트의 역사라고 하면 시멘트의 역사가 기본이 되는데 그 내용은 전 장 I-1 (시멘트의 발달사) 및 I-2 (우리나라 시멘트의 역사)를 참조하고, 본 회에서는 철근콘크리트 구조의 역사와 콘크리트 산업으로서 레미콘의 역사에 대하여 정리해본다.

2. 콘크리트의 역사

콘크리트(Concrete)란 라틴어로 「함께 자라는(Growing Together)」의 의미 「Concretus」가 어원인 것으로 알려져 있다. 즉 시멘트, 모래, 자갈 및 물이 함께 섞여 서서히 강도를 발현하는 것으로 우리에게 유용한 건설재료의 역할을 하기 때문에 붙여진 말이다.

철근콘크리트(RC : Reinforced Concrete)의 역사는 표 1과 같다. 즉 1854년 프랑스인 람보트(J. L. Lambot)의 파리 박람회에 출품된 철근망으로 보강된 보트로부터 시작되어 현재에는 거의 모든 건설물의 구조체로 활용하는 단계에까지 발전하고 있다.

레미콘의 역사는 표 2와 같다. 즉 1903년 독일인 마켄스(J. H. Margens)에 의해 현대 공장 형태의 콘크리트 생산 설비를 고안한 것에서부터 출발하여 오늘날의 레미콘 트럭에 의한 운반, 펌프압송으로 이루어지는 고능률 시공형태로까지 발전해 오고 있다.

표 1 철근콘크리트의 역사

연도 및 개발자	내 용	비 고
1854년 Lambot(프랑스)	철근망으로 측벽을 보강한 콘크리트 보트(boat : 배)를 만들어 파리 세계 박람회 출품	철근콘크리트의 효시
1855년 Francois Coignet(프랑스)	철근망이나 강판 등을 이용하여 콘크리트를 보강하는 방법에 관하여 특허를 얻음	
1855년 Wilkinson(영국)	상기 내용을 다시 개량하여 특허를 얻음	
1867년 Joseph Monier(프랑스)	슬래브 배근법의 특허를 얻었으며, 그 후에도 계속 연구하여 파이프, 수조, 교량, 계단, 아치 구조물 등에도 광범위하게 응용	
1887년 Kőnen 및 Wayss(독일)	철근콘크리트 보의 이론적 계산 방법을 발표하여 오늘날의 철근콘크리트 계산의 기초적 학리를 세움	구조계산에 기초가 됨
1800년대말~이후	철근콘크리트의 내화성, 콘크리트 속 철근의 방청성 및 늑근, 굽힌 철근의 사용 등에 대한 연구를 시작으로 하여, 19세기부터 20세기에 이르기까지 급속도로 발달, 각종 구조물에 널리 보급	

우리나라의 레미콘 역사는 레미콘이 탄생한 지 62년 후의 일이다. 즉 1965년 7월에서야 그것도 일본에서 레미콘 공장 설비 및 운반차량을 수입해 오는 것으로부터 출발하였지만, 현재는 세계적으로 그 유래를 찾기 어려울 정도로 비약적인 발전을 이루고 있다. 우리나라 레미콘 산업의 발전단계는 1965년~1977년까지를 도입기 혹은 독점기로서 수요가 미미했지만 쌍용양회공업(주)의 독점체재이었다. 1977년~1985년은 경제개발 5개년 계획에 힘입어 건설 수요가 증가하였고, 레미콘에 대한 인식이 제고되면서 시멘트, 골재업계에서도 레미콘 산업에 대거 참여하는 성장기를 맞이하게 되었다. 1985년~1997년은 올림픽 관련 특수, 주택 200만 호 건설 등 건설물량 폭주로 말미암아 중소업체도 레미콘산업에 대거 참여하는 고도 성장기를 맞이하게 되었다.

그러나 1998년 이후 현재는 1997년말 IMF 구제금융 등 경제 위치에 심각한 경영난으로 레미콘사의 도산 등 위기 및 이를 극복하기 위한 구조 조정

표 2 레미콘의 역사

연도 및 개발자	내 용	비 고
1903년 Margens(독일)	근대 레미콘 설비의 형태(배처플랜트)를 고안	레미콘의 효시
1913년 (미국)	Maryland 주 Baltimore시에 센트럴 믹스 방식(공장에서 계량하고 혼합까지 완료하는 레미콘 방식)의 플랜트를 설치하여 콘크리트를 제조하고, 이를 덤프트럭을 이용하여 운반함	최초 차량 운반
1926년 (미국)	운반 중 회전으로 엉김을 방지하거나 혼합하는 형태의 믹서트럭 개발	
1926년 (미국)	NRMCA(전 미국 레미콘 협회) 창설	
1928년 (독일)	굳지 않은 콘크리트를 파이프로 수송	펌프의 효시
1935년 (미국)	ASTM Designation C 94로 레디믹스트 콘크리트(Ready Mixed Concrete)의 표준 규격 제정	
1949년 (일본)	도쿄에 최초 레미콘 공장 설립, 제2차 세계대전의 전후 복구사업에 기여	일본 최초 레미콘
1953년 (일본)	JIS A 5308에 레디믹스트 콘크리트 규격 제정	
1965년 7월 (이하 한국)	대한양회협회(주) 서빙고 공장(후에 쌍용양회공업(주)로 합병)에서 배처플랜트 1기(계량설비 : Pull wire system, 혼합설비 : Tilting mixer 56절×2기)를 설치하고, 트럭믹서 15대(Hi-Lo type)를 일본에서 도입함. 이 플랜트는 1983년 2월 동작대교 건설 공사로 철거됨	한국 최초 레미콘
1967년 11월	KS F 4009로 레디믹스트 콘크리트 규격 제정	
1978년	배처플랜트 국내 최초 개발	
1978년	동아 자동차에서 레미콘 믹서 트럭 국산화 성공	
1988년	대우·현대에서 콘크리트 펌프카 생산 개시	

등을 거치면서 현재에 이르고 있지만, 아직도 계속되는 경기침체로 건설물량 감소에 업체 난립에 의한 과다경쟁 등으로 극심한 경영난에 직면하여 새로운 활로를 모색해야만 하는 전환기에 놓여 있다고 할 수 있다.

2005년말 우리나라 레미콘 산업은 692개 업체 851개 공장에 4억 4천만 m^3의 생산 능력을 갖추었지만 실제 기동률은 25~30 %에 머물고 있는 실정이다.

2. 콘크리트의 균열에 대한 사고(思考)

1. 서 언

얼마 전 라디오 방송을 통해 들은 바에 의하면, 최근에 개발하는 자동차는 전후좌우에 센서를 부착하여 자동감지 및 컨트롤까지 됨으로써 머지 않은 장래에 교통사고율 0%가 가능할 수 있다고 한다.

이와 마찬가지로 자동차 사고가 발생할 수 있는 다양한 변수보다 더 많은 요인을 가진 콘크리트 공사에서 균열발생을 0%로는 할 수 없을까? 가능한 범위 내에서 최선을 다해야 하겠지만, 만약 현실적으로 어쩔 수 없는 것이라면 올바르게 이해하는 것도 필요한데, 이 단원에서는 균열에 대한 사고에서부터 시작하여 허용균열폭 및 균열방지 등에 대하여 몇 번에 걸쳐 정리해 본다.

2. 균열에 대한 이해

콘크리트 공사와 관련하여 레미콘 생산자, 시공자, 관리자 및 구조물 사용자에 이르기까지 가장 고민스러운 문제는 무엇보다 콘크리트의 균열에 관한 것이다. 그렇다면 균열은 왜 발생하는 것일까?

콘크리트 구조물에 발생하는 균열은 크기에 따라, 거동에 따라, 발생원인에 따라 그림 1~3과 같이 분류된다. 또한, 구조적으로 힘이 작용하여 발생하는 균열도 있지만 힘이 작용하지 않아도 발생하는 균열이 있다. 즉 콘크리트 중 강도를 발휘하는 시멘트의 수화반응은 시멘트의 화합물 조성(대표적으로 규산칼슘)이 물과 반응하여 수화생성물(CSH과 수산화칼슘)을 만드는

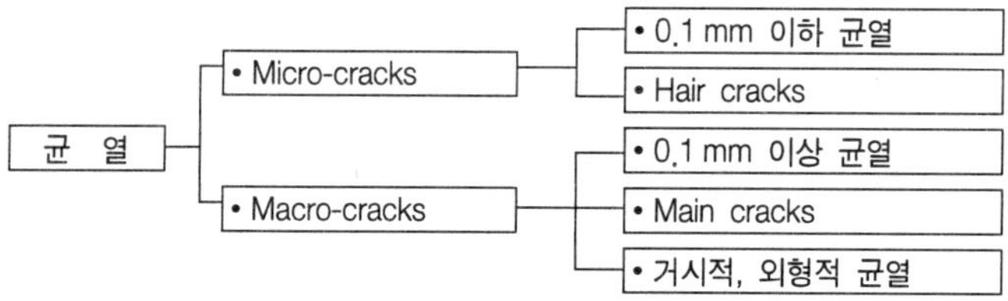

그림 1 균열 범위에 따른 분류

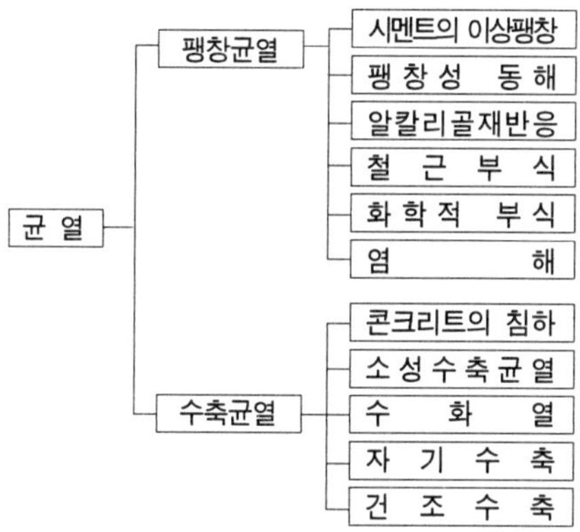

그림 2 균열 거동에 따른 분류

것인데, 수화반응 전 시멘트와 물의 부피합계가 수화반응 후 수화생성물로 만들어지면서 부피가 감소하는 것(Chemical Shrinkage : 화학적 수축 및 Autoge-nious Shrinkage : 자기수축)에 의해 생기는 내부적인 수축력이며, 시멘트 수화반응시 발생하는 열(수화열)로 말미암아 굳지 않는 콘크리트가 어느 정도 부피가 증가한 상태에서 굳어진 다음 외기온에 따라 콘크리트가 냉각됨에 따라 다시 줄어듦으로써 내부에서 발생하는 온도응력, 물과 반죽된 콘크리트 혼합물의 표면에서 수분이 증발하면서 수축되는 건조수축 등 기타 물리, 화학적으로 무수히 많고 복잡한 콘크리트 수화 거동에 따라 지구의 암장이 서서히 냉각되어 화강암에 절리가 생기는 것처럼(꼭 그렇지는 않을 수도 있어 마땅한 비유가 아닐 수도 있음) 하중이 작용하지 않는 콘크리트에도

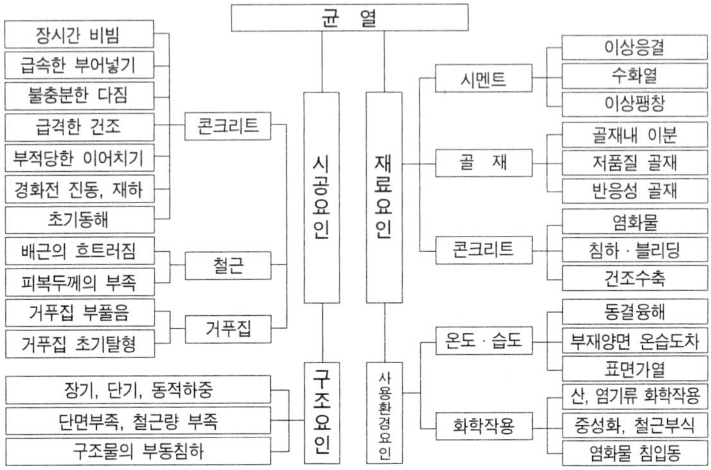

그림 3 균열의 발생원인에 따른 분류

균열은 발생할 수 있다.

그렇다면 하중이 작용하는 경우는 어떨까?

그림 4와 같은 보를 가정하여 고찰해 본다. 보의 중앙 위치인 사각형 단면의 응력분포로, 상부에는 압축응력이 발생하고 하부에는 인장응력이 발생하는데, 콘크리트의 인장강도는 압축강도의 1/10 밖에 되지 않아 철근으로 모든 응력을 부담시키고 콘크리트의 인장강도는 무시하게 된다. 이때 철근에 설계된 응력이 작용하면 이미 콘크리트는 인장응력에 견디지 못하는 상황이 되어 균열이 발생할 수밖에 없다. 만약 이 경우 인장력이 발생하지 않도록 하기 위해서는 부재의 크기가 매우 커야 하므로 결국은 비경제적인 설계가 될 수밖에 없다.

그렇다면 콘크리트에 대한 균열은 어떻게 보아야 할 것인가? 즉 콘크리트는 처음부터 아주 미소하게라도 균열을 갖고 있고, 콘크리트 구조물에서 균열은 피할 수 없기 때문에 모든 철근콘크리트 구조물은 균열을 가지고 있을 수밖에 없다라는 결론에 이른다. 결국 콘크리트에는 균열이 없도록 가능한 노력하는 것만이 중요하다.

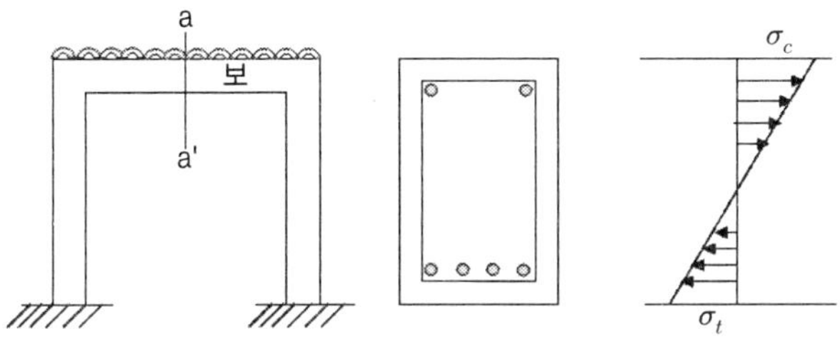

그림 4 균열 거동에 따른 분류

3. 균열의 효과

일반적인 경우, 균열에 대한 인식은 부정적인 의미가 먼저 고려하게 되는 것이 기본이다. 즉 건설구조물에 균열이 발생하게 되면 그 효과로서, 우선 구조물에 대한 신뢰도가 저하하고, 안전과 사용상에 문제를 야기하게 되며, 성능저하로 인한 균열이 진전되면 내구성이 감소되어 궁극적으로는 설계 및 시공불량으로 평가받게 된다.

그러나 콘크리트 구조물에 균열이 발생할 경우 부정적인 면 이외에 긍정적인 면도 존재함을 이해할 필요가 있다. 즉 긍정적인 효과로 콘크리트 구조물에 예상한 위치에서 허용균열폭 이하로 균열이 발생하게 되면 우선 모멘트(Moment)의 재분배에 따른 응력집중이 완화되고, 또한 보강된 철근이 비로소 제 기능을 발휘하게 되는 것이다. 특히 응력의 집중으로 불균일한 균열 발생이 예상되는 경우에는 균열유발 줄눈(매스콘크리트의 외부구속응력, 건물옥상보호누름, 도로포장 등의 조절줄눈 등)을 넣어주게 되는데, 이 부분에서 균열이 발생하는 것은 전혀 문제시 되지 않는 당연한 것으로 평가될 수 있다.

3. 콘크리트의 허용균열폭

1. 서 언

앞 단원의 균열에 대한 사고(思考)에서 콘크리트 구조물에서의 균열은 현실적으로 어쩔 수 없는 경우도 존재하므로 무조건 0으로 하는 것은 곤란하고, 가능한 한 없애도록 노력하는 것이 중요하므로 균열을 올바르게 이해할 필요가 있는 것을 기술한 바 있다. 따라서 여기에서는 전 단원에 이어 국내 기준에서 고려하고 있는 허용균열폭의 규정에 대하여 기술하고 또한, 잘못된 적용의 오류 사례에 대하여는 시정하도록 제안 해본다.

2. 허용균열폭 규정

일반적으로 콘크리트 구조물에는 휨, 전단력, 비틀림 및 축력(압축, 인장력) 등 큰 외력에 대한 저항성을 보강하기 위하여 철근(프리스트레스 콘크리트인 경우는 프리스트레싱 긴장재 : 일종의 고강도철선)을 배근하고 있는데, 응력에 효율적으로 대응하기 위한 철근의 위치는 피복두께만큼의 두께가 고려된 표면부에 존재한다. 따라서 콘크리트 구조물에 균열이 발생하게 되면 철근에 쉽게 부식(녹)이 발생할 수 있으므로 이를 방지하기 위하여 표면부 균열폭의 한계를 규정하고 있는 것이다.

한국콘크리트학회의 콘크리트 구조설계기준에서는 다음 표1과 같이 허용균열폭을 정하고 있다.

이때 강재의 부식에 대한 환경조건의 구분은 표 2와 같다.

표 1 콘크리트 구조설계기준의 허용균열폭 규정

4.2.3 허용균열폭

(1) 허용균열폭 w_a는 구조물의 사용목적, 소요 내구성, 환경조건, 부재의 조건 등을 고려하여 정하여야 한다.

(2) 강재의 부식에 대한 콘크리트의 허용균열폭은 일반적으로 피복두께 및 강재의 종류에 따라서 표 4.2.2에 따라야 한다. 다만, 표 4.2.2는 피복두께가 100 mm 이하인 구조물에 적용하여야 한다.

(3) 물을 저장하는 수조 등과 같은 수밀성을 요구하는 구조물의 허용균열폭은 0.2 mm이다. 다만, 부식성 또는 고부식성 환경에 노출되어 있으면서 수밀성을 요구하는 구조물의 허용균열폭은 0.13 mm이다.

표 4.2.2 허용균열폭 w_a(mm)

강재의 종류		강재의 부식에 대한 환경조건			
		건조환경	습윤환경	부식성 환경	고부식성 환경
철근	건 물	0.4 mm	0.3 mm	0.004 t_c	0.0035 t_c
	기타 구조물	0.006 t_c	0.005 t_c		
프리스트레싱 긴장재		0.005 t_c	0.004 t_c		

여기서 t_c는 최외단 철근의 표면과 콘크리트 표면 사이의 콘크리트 최소 피복두께(mm)

표 2 강재의 부식에 대한 환경조건의 구분

건조환경	일반 옥내 부재, 부식의 우려가 없을 정도로 보호한 경우의 보통 주거 및 사무실 건물 내부
습윤환경	일반 옥외의 경우, 흙 속의 경우
부식성 환경	1) 습윤환경과 비교하여 건습의 반복작용이 많은 경우, 특히 유해한 물질을 함유한 지하수위 이하의 흙 속에 있어서 강재의 부식에 해로운 영향을 주는 경우, 동결작용이 있는 경우, 동상방지제를 사용하는 경우 2) 해양콘크리트구조물 중 해수 중에 있거나 극심하지 않은 해양환경에 있는 경우(가스, 액체, 고체)
고부식성 환경	1) 강재의 부식에 현저하게 해로운 영향을 주는 경우 2) 해양콘크리트구조물 중 간만조위의 영향을 받거나 비말대에 있는 경우, 극심한 해풍의 영향을 받는 경우

3. 허용균열폭 적용의 오류 사례

전술한 바와 같이 철근콘크리트 구조물은 어쩔 수 없는 여러 원인으로 균열이 발생할 수밖에 없기 때문에 허용균열폭 이하로 관리하는 구조설계 및 시공품질관리가 실시되고 있다.

그러나 허용균열폭 조차도 허용하지 않는 우리나라의 제도가 있어 시정을 요구하는 바이다. 즉 2000년 7월 우리나라 국토해양부에서는 「경미한 부실이 대형사고로 이어질 수 있으므로 건설관련 법령에 의하여 영업정지 등 행정처분되는 중대한 과실 이외에 경미한 부실공사 및 용역이 발생한 경우 해당업체 및 관련기술자에게 부실벌점을 부과하고」 또한 「부실벌점에 따라 입찰참가제한 또는 P.Q시 감정 등 불이익을 줌으로써 부실에 대한 경각심을 높이고, 근원적으로 부실공사를 방지하는데 있음」과 같은 도입배경으로 「부실벌점제도」를 운영하고 있다.

특히 이 중에서 콘크리트 균열과 관련해서는 다음 표 3과 같이 부실벌점 측정기준을 적용하고 있다. 이 기준의 취지라면 3번째 항에서 허용균열폭 이하라도 우리나라에서는 모두 보수·보강을 하여야만 하는 것으로 이해되는데 과연 그렇게 한 것인가? 아니면 2000년 이래 건설공사를 진행한 모든 건설관련업체 및 기술자는 모두 부실벌점을 받아야만 했을텐데, 과연 그렇게 되었는가? 규정이 없거나 약해도 문제가 되지만 지키지 못하거나 혹은 잘못된 규정으로 사안에 따라 달리 적용하거나 혹은 적용하지 못하게 되는 것은 시정되어야 할 것이 아닌가 싶다.

따라서 건설공사의 경우 균열이 발생하지 않도록 노력하는 것은 무엇보다 중요하지만, 말뜻 그대로 허용균열폭은 허용하는 것인만큼 보수·보강도 필요 없고, 부실벌점도 부과해서는 안 되는 것으로 사료된다.

표 3 건설업자·주택건설등록업자 및 건설기술자에 대한 부실벌점 측정기준

번 호	주요부실내용	벌 점
1.2	〈생략〉 ○ 콘크리트면의 균열발생 – 구조물이 설치된 환경조건의 허용균열폭보다 큰 균열이 발생하였으나 구조검토 등 원인분석과 보수·보강을 위한 균열관리를 하지 아니한 경우	3
	– 구조물이 설치된 환경조건의 허용균열폭보다 큰 균열이 발생하였으나 구조검토 등 원인분석과 보수·보강을 위한 균열관리를 한 경우	1 또는 2
	– 구조물이 설치된 환경조건의 허용균열폭보다 작은 균열이 발생하였으나 진행성 여부에 대한 균열관리와 보수·보강을 하지 아니한 경우	1
	〈이하 생략〉	

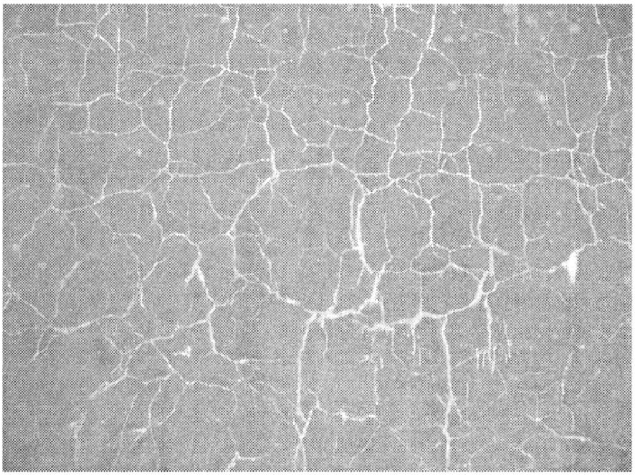

사진 1 콘크리트에 발생한 균열의 일례

4. 콘크리트의 균열방지

1. 서 언

콘크리트에서 발생하는 균열은, 발생하지 않도록 노력하는 것이 기본이지만 현, 기술수준에서는 어쩔 수 없는 경우도 있으므로 균열의 특성을 올바르게 이해하고, 허용균열폭 이하가 되도록 관리하는 노력이 중요함을 전 단원에서 기술한 바 있다.

여기에서는 균열방지와 연관한 품질관리에 참고가 될 수 있도록 균열발생시기별 균열양상을 설명하고 이의 방지요령의 요점에 대하여 정리해 본다.

2. 균열 방지

1) 개요

콘크리트에서 발생할 수 있는 균열원인은 무수히 많이 존재하여 한 두 페이지로 간단히 정리될 사항은 아니다. 따라서 이전 단원에서 소개되었던 사항까지를 포함하여 균열 메커니즘과 방지 대책을 설명해보도록 하는데, 주로 균열 원인 규명에서 중요시 되는 것은 그림 1과 같이 균열발생시기에 따라 크게 원인이 좁혀지며, 또한 팽창인지 수축인지 혹은 어떤 패턴인지를 분석함으로써 정확한 원인을 추정할 수 있게 된다. 단, 본 서에서 강조하고 싶은 것은 발생된 균열을 논하기 이전에 이 시점에서는 이와 같은 균열이 발생하게 되므로 이와 같은 균열이 발생하지 않기 위해서는 사전에 어떻게 해야 한다.라고 하는 예지활동 측면에서 역할이 이루어지기를 기대한다.

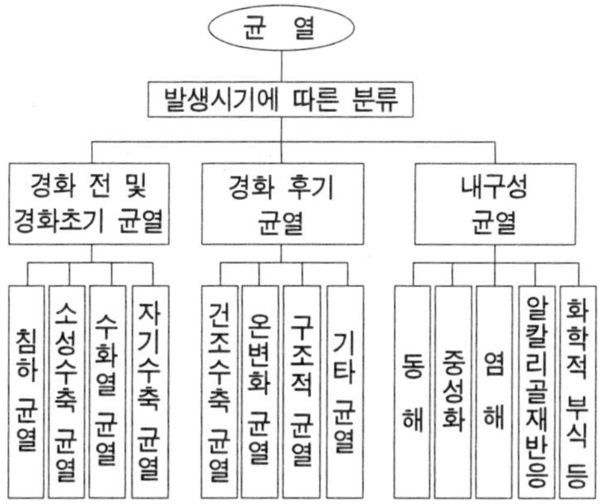

그림 1 균열의 발생시기에 따른 분류

2) 경화 전 및 경화초기 균열

(1) 침하균열

거푸집에 타설된 콘크리트의 초기상태에서 침하가 철근이나 매설물 등 장애부에 의해 저해를 받게 되면 콘크리트 표면부로 전단 또는 인장응력이 발생하여 장애물을 따라 비교적 넓은 폭의 침하균열이 발생하게 된다. 이 균열을 막기 위해서는 표면마감시기를 늦추는 등 대책이 필요한데, 상세한 사항은 제II권 II-14, II-19를 참조한다.

(2) 소성수축균열

구조체에 타설된 콘크리트가 고온, 낮은상대습도, 빠른바람과 같이 혹독한 건조환경에 있으면 블리딩수의 상승보다 표면의 증발수량이 크게 되므로 경화 이전 콘크리트의 표면으로부터 급속한 건조가 진행되는데, 소성수축 균열은 그 수축작용으로 발생하는 균열이다. 이 균열을 방지하기 위해서는 증발을 방지하는 신속한 표면양생 등 대책이 요구되는데, 상세한 사항은 제 I권 II-6을 참조한다.

(3) 수화열 균열

콘크리트에서 시멘트와 물이 혼합되면 종결시간을 지나 경화초기 단계에서 많은 수화열이 발생하는데, 단면이 두꺼운 콘크리트일수록 수화열 발산이 용이하지 않아 불균일한 온도분포 및 응력분포가 발생하여 수화열 균열이 발생한다. 이 균열의 방지 방법으로는 저발열시멘트 등 매스콘크리트 시공법에 준하여 대책을 수립해야 하는데, 상세한 사항은 제 I 권 III-11(매스콘크리트의 온도균열)을 참조한다.

(4) 자기수축 균열

이 균열은 시멘트 등 결합재량이 많은 고성능 콘크리트와 같은 경우에서 수화반응 후 체적이 줄어드는 수화수축에 의해 겉보기로 감소해가는 체적감소 현상으로 발생하는 균열이다. 팽창재, 수축저감제 등으로 균열을 저감토록 하는데 상세한 사항은 제II권 III-9를 참조한다.

3) 경화 후기 균열

(1) 건조수축 균열

경화한 콘크리트 구조물의 구속체 부재에서 콘크리트 조직 내부의 모세관 공극 등으로 건조환경에 의해 콘크리트 배합의 잉여수 등이 빠져나감에 따라 조직수축이 이루어져 발생하는 인장응력이 콘크리트의 인장강도를 초과하게 되면 건조수축균열이 발생한다. 이 균열은 콘크리트 배합에 단위수량을 적게 하는 등의 대책이 필요한데 상세한 사항은 제 I 권 II-7을 참조한다.

(2) 온도변화 균열

콘크리트가 기온, 일사열 등 온도가 변하게 되면 선팽창계수(1×10^{-5}/ ℃ 전후) 만큼 팽창수축을 반복하게 되는데, 이와 같은 부재의 신축변화가 구속체의 내력으로 흡수되지 못하면 구조체 혹은 구속체에 온도변화 균열을 유발하게 된다. 이와 같은 균열은 신축줄눈(Expansion joint) 등으로 대응될 수 있는데, 상세한 내용은 다음 단원에 기술한다.

(3) 구조적 균열

콘크리트 구조체에 있어 설계된 외력보다 더 큰 외력이 작용하게 되면 구조체는 균열이 발생하고 나아가서는 붕괴에까지도 이르게 된다. 이와 같은 외력으로는 압축, 인장, 휨, 전단, 비틀림 등이 있는데 구조계산의 실수, 사용상 잘못 등의 원인으로서 이 균열은 구조전문가의 도움 및 사용자의 주의 등에 의해 방지될 수 있다.

(4) 기타

상기에서 언급한 것 이외에도 균열은 설계상 결함, 재료선정상의 잘못, 시공상의 실수, 유지관리상의 잘못 등 무수히 많은 사안들이 존재할 수 있는데, 해결책은 세심하고 철저한 품질관리가 기본이 된다.

4) 내구성 균열

철근콘크리트 구조물에 균열을 일으킬 수 있는 내구성 항목으로는 동해, 중성화, 염해, 알칼리골재반응, 화학적 부식 등을 들 수 있다. 내구성 항목과 연관된 균열은 건물 준공 후 최소 수년 혹은 수십년 경과 후에 발생하는 것이 대부분이다. 균열 발생을 방지하기 위한 대책으로는 내구성 관련 환경항목에서 피해가 없도록 차단하는 것 및 콘크리트 배합설계에서 내구성 항목을 사전에 고려하여 대책을 수립하는 것이다. 일례로 동해라면 AE공기량 확보, 중성화는 W/C감소 및 철근 피복두께 확보, 염해는 염화물량 규제치 준수, 화학적 부식은 내황산염 및 내산 대책 수립 및 기타 내구성으로 침식작용, 내마모성 향상 대책 수립 등과 아울러 철근 부식 방지 등에도 노력하여 가능한 한 균열을 방지하도록 하여야 한다.

5. 건설물의 온도변화에 따른 팽창 · 수축

1. 서 언

어렸을 적에, 기차철로의 경우 더운 여름철에는 늘어나고 추운 겨울철에는 줄어들므로 레일과 레일 사이는 반드시 띄워 놓아야 하는 것으로 배운 기억이 난다.

이와 같은 사실은 건설전문가든 비전문가든 모든 국민이 잘 알고 있는 사실일텐데 그렇다면 콘크리트는 어떠할까?

여기에서는 이와 같은 콘크리트의 온도변화에 따른 팽창 · 수축(선팽창계수, 열팽창계수)에 대하여 고찰해 본다.

2. 콘크리트의 선팽창계수

일반적으로 기차철로나 철근에 쓰이는 것과 같은 강철의 선팽창계수는 1.2×10^{-5}/ ℃로 알려지고 있다.(필자의 실험에서는 1.198×10^{-5}/ ℃이었음) 즉 100 m짜리 강철의 온도가 1 ℃ 상승하면 몇 mm 늘어나는 것일까? 100 m는 100,000 mm이므로 1×10^{5} mm이다. 따라서 10^{-5}과 10^{5}은 맞줄임되므로 1.2만 남게 되는데 결국 100 m의 강철은 온도 1 ℃ 상승에 1.2 mm 더 크게 늘어난다.

그러므로 강철은 일교차의 변화로 10 ℃ 정도 온도가 변화한다면 100 m짜리 강철은 12 mm의 신축변화가 나타나고, 겨울과 여름의 연교차 변화는 60 ℃ 변화한다고 가정하면 72 mm의 신축변화가 나타나게 된다.

그렇다면 콘크리트의 선팽창계수는 얼마이고, 100 m짜리 콘크리트로 된 아파트는 얼마만큼 길이가 변화할까? 결론적으로 강철과 콘크리트의 선팽창계수는 거의 같은 것으로 알려져 있는데, 길이변화는 당연히 거의 같게 된다. (참고로 필자가 연구한 보고에 의하면 시멘트 모르타르와 콘크리트의 선팽창계수는 표 1과 같은데, 모르타르보다도 콘크리트가 더 작은 값임을 알 수 있으므로 이 부분에 대한 국내 실정에 맞는 추가연구가 요구된다.)

표 1 선팽창계수

시멘트 모르타르			콘크리트		
배합비	물시멘트비(%)	선팽창계수 ($\times 10^{-5}$/ ℃)	물시멘트비(%)	슬럼프(Cm)	선팽창계수 ($\times 10^{-5}$/ ℃)
1 : 2	35	1.03	50	8	0.89
	38	1.13		15	0.87
	40	1.11		21	0.90
1 : 3	45	1.14	60	8	0.93
	49	1.17		15	0.90
	56	1.19		21	0.94
1 : 4	59	1.20	70	8	0.99
	67	1.24		15	1.02
	75	1.22		21	1.07

3. 선팽창계수를 고려한 대책

상기의 내용에 따르면 철근콘크리트로 만들어진 건설 구조물은 기차철로와 같이 온도가 변화하면 늘어나고 줄어듦으로써 기차철로 만큼 띄워서 온도변화에 따라 움직이도록 해주어야 하지 않을까 하는 지극히 당연한 생각을 하게 된다. 따라서 50~60 m를 넘는 긴 건물은 중간에 기초에서부터 지붕마감까지를 완전히 띄우는 신축줄눈(Expansion joint)을 설치하게 되고, 교량이나 수로교 등은 신축을 고려하고 또한 구조체 위에서 움직일 수 있는 힌지(Hinge) 및 롤러(Roller)를 설치해야 한다. 그런데 만약 이와 같은 것을 고려하지 주지 않으면 어떻게 될까?

사진 1은 장대 수로교에서 이와 같은 고려를 해주지 않아, 즉 여름철에 철근콘크리트 구조물이 늘어나는 것을 신축줄눈으로 고려하지 않아서 압축으로 파괴된 모습이고, 사진 2는 온도변화에 따른 신축을 롤러로 고려하지 않고 수로교를 교각에 강하게 고정시켜 교각이 파괴된 모습(교각을 기울게 하거나 침하시키는 예도 있음)이고, 사진 3은 아파트의 경우 실내 철근콘크리트 구조물은 인간 생활환경에 일치시켜 변화가 크지 않지만 지붕구조 만큼은 외단열이 안 되어 온도변화에 따라 슬래브판이 크게 늘어났다가 줄어들었다를 반복하여 마구리벽이 파괴된 모습이다.

사진 1 수로교의 압축파괴 균열

사진 2 교각의 파괴균열

사진 3 아파트 벽면 균열

4. 결언

결국 기차철로가 온도변화에 따라 늘어나고 줄어드는 자연섭리의 변화를 틈새를 주어 해결한 것처럼 콘크리트 구조물도 동일하게 고려해야 한다. 즉 교량, 수로교 등은 신축의 고려와 움직임을 힌지, 롤러로 고려하고 건축물은 신축줄눈의 고려 및 부분적인 온도변화를 줄이도록 하는 외단열의 고려가 중요한 사항이 된다.

6. 콘크리트의 조성 및 보수 · 보강에서의 선팽창계수

1. 서 언

전 단원에서는 온도변화에 따른 건설물의 팽창 · 수축과 관련한 선팽창계수 문제에 대하여 고찰해 보았다.

그러나 이와 같은 온도변화에 따른 팽창 · 수축 문제는 콘크리트 구조체는 물론이고 콘크리트를 구성하는 원재료 및 보수 · 보강 문제에도 중요하게 작용하고 있으므로 여기에서는 이와 같은 사항을 고찰해 본다.

2. 원재료

콘크리트를 구성하는 원재료로는 시멘트, 골재, 혼화재료, 물 및 공기를 들 수 있다. 이와 같은 원재료 중 모든 요소가 콘크리트의 선팽창계수에 영향을 미칠 수 있는 것이지만, 가장 크게 영향을 미칠 수 있는 인자는 가장 많은 구성비율을 차지하는 골재가 된다. 특히, 콘크리트용 골재에서는 다양한 요인이 영향을 미칠 수 있지만, 암종의 종류에 따라 가장 크게 영향을 받게 되는데, 각 암종별 물리적 성질 및 선팽창계수는 표 1과 같다.

골재의 선팽창계수는 표 1에서와 같이 콘크리트 선팽창계수의 50~80 % 정도로 별다른 문제가 없는 것으로 알려져 있지만, 골재의 선팽창계수가 시멘트 풀의 선팽창계수와 현저하게 다른 경우는 특히, 골재 낱알의 선팽창계수가 작은 경우에 콘크리트의 안정성에 영향이 크다. 이것은 온도가 낮아지면 모르타르 속에 생기는 인장변형에 대하여 골재에서의 변형은 그대로 동반되지 않으므로 시멘트 풀 부분에 큰 인장응력이 생겨 균열(Crack)이 생기

표 1 암종별 물리적 성질 및 선팽창계수

종류	밀도 (g/㎤)	압축강도 (MPa)	흡수율 (%)	선팽창계수 (10^{-6}/ ℃)
화강암	2.65	150	0.2~0.6	7.0
안산암	2.50	100	1~3	8.0
연질응회암	1.50	9	8~20	8.0
연질 사암	2.00	45	2~18	8.0
대리석	2.70	120	0.05~0.2	7.0
석회암	2.70	50	0.2~1	5.0

게 된다. 시멘트 풀의 선팽창계수는 11~16×10^{-6}/ ℃이고, 골재의 선팽창계수는 0.9~16×10^{-6}/ ℃인데, 일반적으로 선팽창계수가 적은 것은 석회암, 화강암이며 4.5~7.0×10^{-6}/ ℃이다.

특히, 미국 Kansas주의 Republican하천에서 채취한 모래자갈을 쓴 콘크리트가 놀랄 정도로 빠른 시일 내에 붕괴된 예가 있었는데, 이 골재 속에는 선팽창계수가 아주 작은(1.1×10^{-6}/ ℃ 이하) 장석류를 다량으로 포함하고 있었다는 것을 알게 되었다.

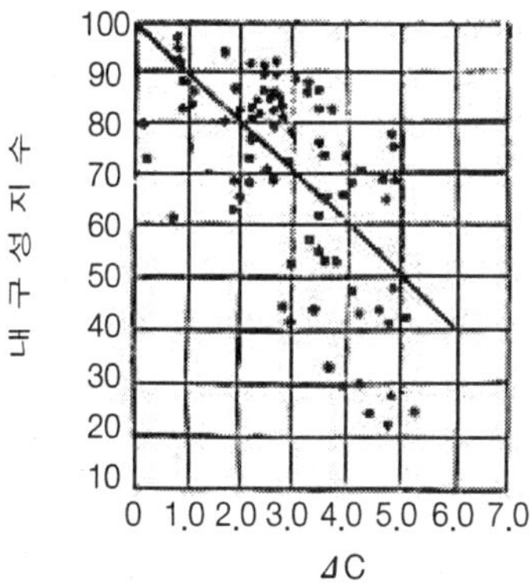

그림 1 ΔC와 내구성 지수와의 관계

그림 1은 모르타르와 굵은골재와의 선팽창계수 차 ⊿C와 내구성 지수의 관계를 말하는 Collan 씨의 연구결과를 표시한 것이다. ⊿C가 3.0×10^{-6}/ ℉ (5.1×10^{-6}/ ℃)를 넘는 경우는 주의해야 한다는 것을 지적하고 있다.

3. 콘크리트의 보수 · 보강재료

철근콘크리트 구조물에 있어 내력저하 및 철근부식 등에 의한 콘크리트의 내구성이 저하된 경우에는 보수 · 보강공법으로 에폭시 수지에 의한 탄소섬유 부착공법, 강판 보강공법 및 폴리머 시멘트 모르타르 등에 의한 단면 복구공법 등이 주로 채택되고 있다.

그러나 이와 같은 공법들은 시공이 편리하고, 유지관리가 용이하다는 장점이 있는 반면, 역시 이질재료간의 선팽창계수 차이는 우리나라의 계절적 특징인 온도변화 등 환경변화에서 사진 1과 같이 박리됨으로써 기능을 상실하여 문제시되는 사례가 있다.

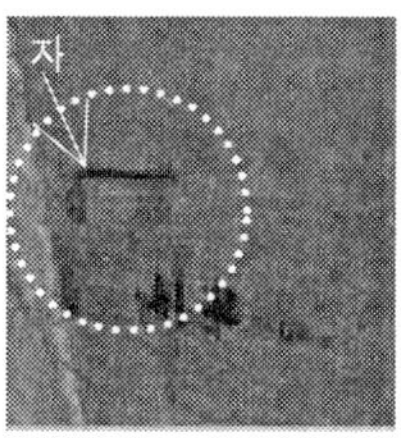

탄소섬유의 박리
(박리된 탄소섬유에 길이 측정용 자가 삽입된 모습)

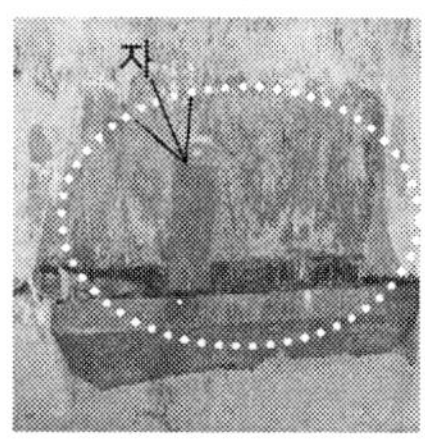

강판의 박리
(박리된 강판에 자가 삽입된 모습)

사진 1 탄소섬유와 강판의 박리 사진

따라서 필자의 연구실에서는 이에 따른 에폭시계 보강재의 선팽창계수를 실험하여 이를 증명하고 있는데, 각 재료간 선팽창계수는 표 2와 같고, 온도변화에 따른 선팽창 변형량간의 관계는 그림 2와 같은데, 에폭시수지와 모재 혹은 보강재 사이에 매우 큰 변형량 차이가 발생함을 알 수 있다.

표 2 에폭시계 보강재의 선팽창계수

구분		기호	선팽창계수(×10⁻⁶/ ℃)
탄소섬유부착용 2액형 에폭시수지		EA	50.86
균열주입용 2액형 에폭시수지		EB	41.89
케미컬 정착용 1액형 에폭시 수지(졸타입)		EC	53.29
기성제품 폴리머 모르타르 A		PA	0.4
기성제품 폴리머 모르타르 B		PB	0.68
기성제품 폴리머 모르타르 C		PC	−0.525
보강재	강판	St	11.93
	탄소섬유	Ca	−1.68
바탕재	시멘트 모르타르	Mo	11.61
	콘크리트	Co	9.46

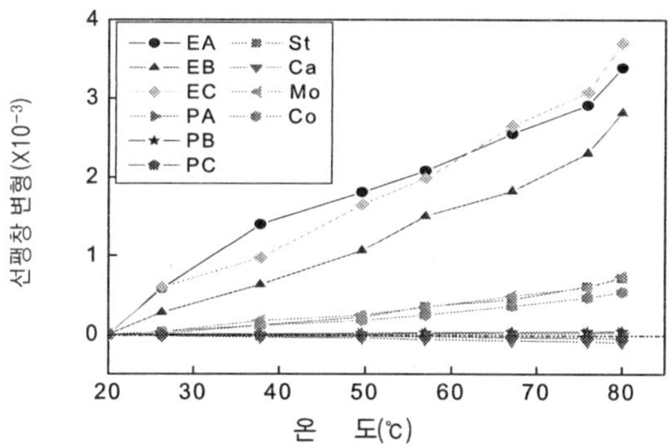

그림 2 각 재료별 온도변화에 따른 선팽창변형량 비교

4. 결언

이상에서 고찰한 바와 같이 콘크리트의 구성재료, 콘크리트의 보수보강에 이용하는 재료 등에는 큰 차이의 선팽창계수로 말미암아 자연 환경조건에서 안정성 저하, 균열, 박리 등 각종 결함이 발생할 수 있으므로 재료 선정 및 공법 선정과정에서 선팽창계수도 심도 있게 고려할 필요가 있다.

7. 소규모 포장콘크리트의 결합방지

1. 서 언

얼마 전 표 1과 같은 전자우편을 모 레미콘 품질관리 담당자로부터 받은 바 있다. 또한, 유사한 일로서 공장건축물 주위의 도로포장 콘크리트에서 균열이 발생하여 건축주의 완강한 고집 때문에 재시공을 실시할 수밖에 없었던 상황이었는데, 원인이나 알고 싶다는 시공자의 요청으로 현장을 방문해 본 적도 있다.

표 1 균열관련 문의 전자우편

안녕하세요! 저는 레미콘 품질관리를 담당하고 있는 ○○○이라 합니다. 이렇게 불쑥 문의만 드리자니 송구스러운 마음입니다. 다름이 아니라 당사에서 아래와 같이 납품한 제품 중 균열로 인한 고객 불만으로 문의 드립니다. –규격 : 25–18.0–12 –납품슬럼프 : 평균 13 cm –혼화재료 : 20 % 치환 –납품현장의 공사내용(콘크리트 포장공사) 길이 : 190 m 폭 : 3~3.5 m 포장두께 : 15 cm –균열발생시기 : 타설 후 2시간 이후 –납품 당시 날씨 : 흐리고, 바람. 온도 : 12 도 –균열 사진 첨부 : 도로포장 전 구간 균열발생(사진 1) 거래처에서는 제품이 불량하여 균열이 발생되었다고 단정하고 있습니다. 허나 제 소견으로 자연환경 및 초기양생 불량에 의한 소성수축균열이라 판단하고 있습니다. 교수님 소견과 관련되는 자료가 있으면 부탁드리겠습니다.

위와 같은 경우는 별로 중요하게 다루어지지 않는 소규모 포장콘크리트 공사이었지만 실무에서는 많은 결함이 발생하여 어려운 문제로 작용됨에 따라 여기에서는 이런 경우에 발생할 수 있는 문제점 및 대책을 중심으로 기술해 보도록 한다.

2. 침하균열

전자우편에서 원인을 문의해온 사진 1은 결론적으로 경사진 도로를 위에서 아래로 다짐마감 작업을 실시함에 따라 윗부분의 콘크리트가 자중 및 진동충격 등에 의해 아래쪽으로 가라 앉아 발생한 침하균열이다. 사진 2에 재시공하는 건축물 주위의 균열 또한 높은 곳에서 낮은 곳으로 다짐마감 작업을 실시하던 중에서 발생한 침하균열의 예이다. 특히, 지하주차장으로 진입하는 도로 등 경사진 지역의 마감시공에서는 자주 발생하는 하자 사례이다.

사진 1 경사진 도로의 균열

사진 2 건축물 주위의 침하균열

사진 3 하천변 도로의 지반 침하균열

이의 방지대책으로는 너무 질지 않은 콘크리트를 낮은 곳에서 높은 곳 방향으로 타설 및 다짐마감작업을 실시하거나 어쩔 수 없는 경우는 높은 곳에서 낮은 곳으로 타설하였더라도 일정한 구획을 정해 마감작업만은 어느 정도 시간을 두고 낮은 곳에서 높은 곳 쪽으로 실시하도록 하는 등 철저히 침하균열에 대비해야 한다.

또한 일부 농로포장과 같은 경우는 지반을 철저히 다지지 않아 지반이 침하되면서 콘크리트도 침하균열이 발생할 수 있음(사진 3 참조)에 유의한다.

3. 소성수축균열

중요하지 않게 여기는 콘크리트 공사는 시공과정에서도 소홀이 다루는 경우가 많다. 특히 콘크리트는 타설작업 후 양생이 중요하게 영향을 미치는데, 봄철을 지나 여름에 이르는 동안 고온, 낮은 상대습도, 빠른 바람인 조건하에서는 소성수축균열이 많이 발생하여 레미콘 품질관리 담당자들을 괴롭히게 된다. 이의 원인 및 대책은 제 I 권 II-6 「콘크리트의 소성수축균열」을 참조하는데, 가장 중요한 것은 마감시공 후 콘크리트 표면에서 수분이 증발하지 않도록 비닐, 부직포, 이중버블시트 등을 즉시 덮어 주는 것이 중요한 방지책이다.

4. 기타 결함

중요하지 않게 취급되는 콘크리트는 강도 역시도 작게 설계된다. 일반적으로는 18 MPa 정도의 낮은 강도가 채택되는데, 이와 같은 콘크리트는 추위에도 약하여 스케일링 동해(표면이 벗겨지는 현상)가 발생하고, 마모에도 약하여 심한 경우는 차량이 진행할 때 먼지가 발생하기도 한다. 따라서 고속도로처럼 중요한 도로 수준까지 강도를 높이기는 어렵더라도 가능한 한 24 MPa 이상으로 높여 내구성이 문제가 되지 않도록 하는 것이 궁극적으로는 경제적일 수 있다.

또한 건조수축, 온도변화에 따른 신축에도 대비할 수 있는 익스팬션 조인트(Expansion Joint : 신축줄눈)가 반드시 고려되어야 하는데, 실시하지 않거나 역할도 제대로 못하는 흉내만 내는 경우는 시정되어야 할 것이다.

8. 공장바닥 마감 콘크리트 표면층의 균열 및 층분리

1. 서 언

레미콘 시공의 결함 사례로서 금년도 겨울 중부지방 모 지역에 17,000 m^2 규모의 공장바닥을 레미콘으로 시공한 바 있는데(사진 1 참조), 전면에 망상형 균열(사진 2 참조) 및 표면층의 층분리(들뜸현상) 및 탈락현상이 발생되는 등 심각한 문제점이 발생된 바 있다.

따라서 필자는 이와 같은 표면층의 균열 및 층분리의 원인에 대하여 진단을 실시한 바 있는데, 여기에서는 그 내용을 소개함으로써 동일한 유형의 하자 방지에 기여코자 한다.

사진 1 대상건축물의 내부 전경

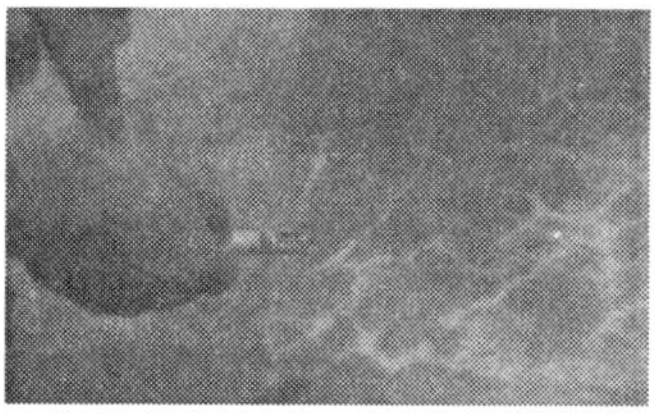

사진 2 표층부 균열

2. 설계시공관련 도서 및 기록조사

설계 및 시공 단계의 제반 자료를 검토한 결과 대상건축물의 바닥콘크리트는 굵은골재 최대치수 25 mm, 호칭강도 24 MPa, 슬럼프 12 cm(25-24-12)

의 콘크리트가 타설되었다. 대상 콘크리트가 버림콘크리트 위에 타설되어 누수가 발생하지 않는 상황임을 감안하면 가능한 한 블리딩 발생이 적은 된비빔 콘크리트로 타설하는 것이 바람직하지만 이에 대한 고려가 없었던 것이 조사되었다. 또한, 현장관계자에 따르면 시공상 편의를 위해 슬럼프를 높여 시공된 것도 조사되었다.

한편, 바닥콘크리트 타설과 연관하여 바닥면 콘크리트는 표면의 초기강도 향상을 목적으로 진공배수공법이 적용되었고, 표면마감은 피니셔 돌리기로 시공되었다.

3. 균열 및 들뜸 조사결과

바닥콘크리트의 균열조사는 사진 3과 같이 조사했는데, 바닥콘크리트에 발생한 균열은 대부분 0.3 mm 이하의 허용균열폭 이내의 균열이었지만 0.5 mm~1 mm 범위의 균열도 존재하였다.

한편, 조사대상 건축물의 바닥콘크리트 대부분에서는 균열과 함께 콘크리트 표층부가 들뜨는 층분리 현상이 발견되었다. 타격 도구를 이용하여 바닥표면을 두들기면 표층부의 들뜸 여부에 따라 타격음이 달라지는 차이를 이용해 바닥콘크리트의 들뜸 위치를 찾았는데, 평균 들뜸 면적률은 약 10 %로 조사되었다.

사진 3 균열 및 들뜸 조사

4. 균열 및 들뜸의 원인 규명

균열 및 들뜸의 원인을 조사단계별로 분석해보면 다음과 같다. 먼저, 설계 시공 관련 도서 및 기록조사에서는 전술한 바와 같이 바닥콘크리트의 블리딩을 최소화할 수 있도록 가능한 한 낮은 슬럼프나 논 슬럼프로 설계했어야 함에도 불구하고, 본 대상 건축물의 경우는 이 점을 고려하지 않음으로써 블리딩 발생을 효과적으로 방지할 수 없었던 것으로 사료된다.

또한, 콘크리트 타설과 관련하여 진공배수공법이 적용되었는데, 본 대상건축물의 바닥 부분에 타설된 콘크리트는 유동성이 커서 블리딩 발생량이 많았던 관계로 충분한 작업시간(슬래브 두께가 20~25 cm일 경우 작업시간은 26분 이상, 봄철에는 30분 이상)이 요구되었지만, 본 대상 건축물에 적용된 배수공법의 작업시간은 10분 이내로 블리딩 및 잉여수를 배출하기에는 크게 부족했던 것으로 파악되었다.

한편, 표층부 균열 및 박리의 원인은 다음 두 가지로 요약할 수 있는데 먼저, 콘크리트 표면마감시 블리딩수가 존재한 상태에서 콘크리트 표면 마무리를 실시하면 물에 콘크리트를 잃는 것과 같이 되어 시멘트입자가 부유하였다가 시간이 경과하면 입자 크기가 큰 순서대로 비례하여 미세모래입자가 먼저 가라앉고, 맨 나중에 시멘트 입자가 가라앉으면서 층상으로 쌓이게 된다. 결국 콘크리트 표면 상부의 물이 증발하여 건조되면 최상층부의 시멘트 페이스트가 수축하여 균열이 발생하게 되는데, 이 경우 그림 1과 같이 시멘트 페이스트 하부의 미세모래층이 부착강도를 충분히 발휘하지 못하면 결국, 시멘트 페이스트 층이 박리하게 된다.

또한, 블리딩수가 충분히 제거되지 않고, 충분한 침하가 이루어지지 않은 상태에서 표면진동마감(Skim floating)을 진행하면 표층부시멘트 페이스트층이 더욱 밀실해져 이후에 떠오르는 블리딩은 결국 밀실한 시멘트 페이스트층 아래에 갇히게 되며, 이후 피니셔를 통한 마감이 진행되면 표층부는 더 더욱 다져지게 된다. 이 경우도 전술한 바와 같이 시멘트 페이스트에 건조수축 균열이 발생하게 되면, 그림 2와 같이 시멘트 페이스트층과 내부 콘크리트층과의 계면에서 층분리현상이 발생하게 되어 결국 바닥 콘크리트의 품질에 심각한 악영향을 미치게 된다.

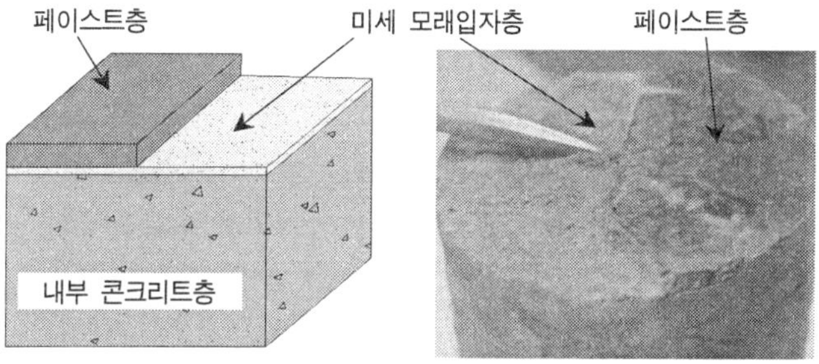

그림 1 바닥콘크리트의 층분리 모식도와 탈락면 사진

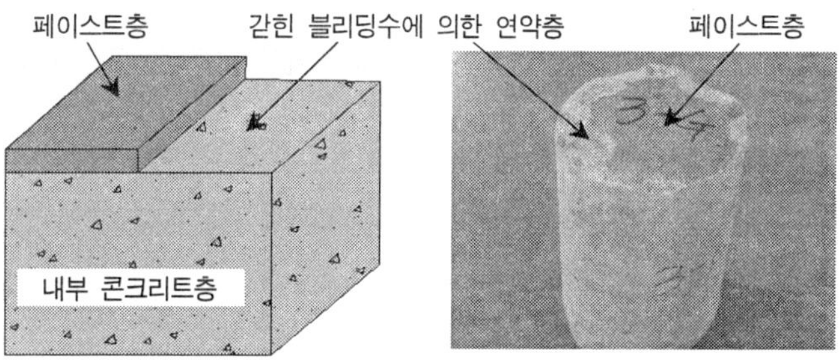

그림 2 바닥콘크리트의 층분리 모식도와 표층부 사진

9. 기둥에 발생한 인장균열

1. 서 언

세상만사에 있어서 예상되는 곳에 예상한 결과가 나타나면 당연하다고 하겠지만 예상한 것과 정반대의 결과가 나타난다면 희한한 일이라고 놀라게 된다.

그러나 그와 같은 희한한 결과가 그야말로 불가사의한 결과라면 그런대로 이해할 수 있겠지만, 대부분은 무지의 소치에 기인한 것이 많은데, 그 경우 조금은 씁쓸한 느낌이 들게 된다. 압축부재인 기둥에 발생한 인장균열과 같은 것이 그것인데, 여기에서는 그와 같은 내용에 대하여 기술해 본다.

2. 상황 개요

얼마 전, 건축물의 안전진단 과정에서 발생한 일로써 그림 1과 같이 시공과정 중 압축력을 받는 철근콘크리트 라멘구조 기둥부재의 네모서리 부분에서 대근(Hoop) 배치 위치와 동일한 간격의 단절된 균열이 발생하였다. 균열폭은 0.1 mm 이하로 허용균열폭 보다는 작아서 문제되는 것은 아니었지만 균열의 원인을 밝힐 필요가 발생하였다.

3. 균열원인 및 발생기구

균열을 일으킨 부재는 기둥으로서 구조역학적으로는 압축력을 받는 부재이다. 압축력을 받는 부재에 발생한 균열이라면 당연히 압축균열이 발생해야 한다. 즉 압축력에 의한 균열은 균열 부위가 눌려져서 터슬터슬한 균열이 발생하는 것이 기본인데, 이 경우는 반듯하게 당겨져서 잘라진 인장균열 양상이다. 그렇다면 압축력에 의한 균열은 아닌 것이다.

이번에는 건축물 전체적으로 횡력의 작용에 의한 휨균열을 상정해 볼 수 있다. 그렇다면 휨응력은 부재의 중립축을 기준으로 반쪽은 인장, 반쪽은 압축이 되어, 압축은 콘크리트가 강하므로 문제시되지 않지만 인장은 압축 강도의 1/10 밖에 되지 않아 인장균열이 먼저 발생하는데, 이 경우라면 기둥둘레의 절반 이하만이 균열이 발생하고(연결된 상태로 존재) 절반은 균열이 발생하지 않게 되는데, 이 경우는 네모서리면에서 단절된 상태로 존재하므로 역시 휨균열도 아닌 것이다. 결국 이 균열의 원인은 구조전문가에게서 해답을 얻기 어려운 숙제로 남게 된다.

필자의 견해는, 재료를 전문으로 하는 입장에서 옳게 설명되었다고 볼 수 없을지도 모르겠지만 이는 구조역학적인 외부하중의 문제가 아니고 자연섭리에 따른 건조수축의 문제로 해석해 본다. 늘 안전진단을 하는 사람이 균열의 원인을 풀다 풀다 안 풀리면 건조수축이라고 해버리는 것과도 같아 안타깝지만 이의 원인 역시 건조수축 균열이다.

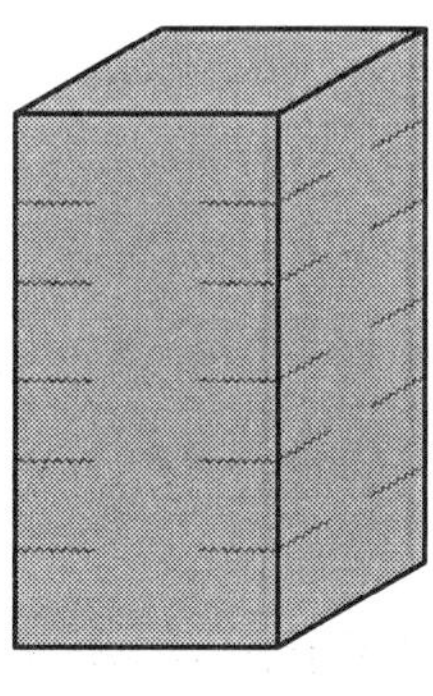

그림 1 기둥부재의 균열 양상

즉 기둥 부분에 콘크리트를 타설하고 강도가 충분히 발휘되지 않은 상태에서 거푸집이 제거되고(5 MPa 이상이면 가능), 또한 7일간은(조강시멘트를 사용한 경우는 5일) 습윤한 상태로 양생해야 함에도 불구하고 그렇지 않게 되면, 인장강도가 충분히 발휘되지 않은 상태에서 건조가 진행되어 기둥모서리는 수축응력이 작용하게 된다. 즉 기둥부재와 같이 단면이 큰 부재는 자연환경 속에서 건조가 발생하게 되면 내부는 건조하지 않지만 표면만이 급속한 건조를 일으키게 되는데, 내부 코어 콘크리트에 모든 압축력이 작용하고 표면 콘크리트는 내부 코어 콘크리트에 매달려 수축함으로써 인장균열을 일으키게 되는 것이다. 특히 대근이 배근된 위치는 다른 어느 위치보다 인장력에는 약점(Weak point)이 있어 균열발생이 용이하게 발생되는데, 그것도 기둥모서리는 기둥평면보다 2면에서 건조가 진행되어 더 빨리, 더 많이 수축하므로 결국 네모서리면에서 인장균열이 우선적으로 발생하게 된 것이다.

특히, 이와 같은 경우는 우리나라의 늦은 봄(초여름)과 같이 고온과 낮은 상대습도 및 빠른 바람이 조합될수록 더욱 많이 일어나게 된다.

이러한 현상은 비단 기둥뿐만 아니라 벽이나 보, 슬래브 등 모든 부재에서도 발생할 수 있다.

4. 방지대책

이와 같이 압축부재인 기둥에서 발생하는 인장균열의 경우는 모든 요인에서 방지대책을 마련할 수 있다. 즉 건조수축을 적게 일으킬 수 있는 재료선정, 배합 등에서부터 시공·유지관리에까지 많은 요인이 방지대책이 될 수 있다. 그러나 이 중에서 가장 중요한 것은 거푸집 탈형을 너무 조기에 하지 않는 것이 좋고, 만약 조기에 거푸집을 탈형하였다면 충분히 살수양생 혹은 시트양생 등으로 표면만의 급속한 건조를 막아 큰 부등수축에 따른 인장응력이 발생하지 않도록 하는 것이 대책이다.

이와 같은 균열의 보수는 허용균열폭 이하인 경우는 보수가 필요하지 않지만 계속적으로 건조수축이 진전되어 허용균열폭 이상으로 커진 경우는 주입공법(에폭시 인젝션 등) 등으로 균열을 보수하고 표면 도포 등으로 마무리하면 더 이상 문제점은 발생하지 않을 것으로 사료된다.

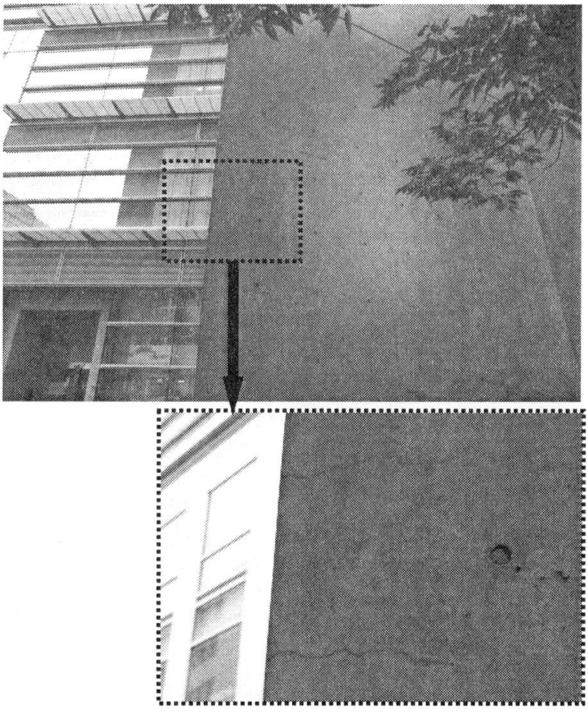

사진 1 기둥부재에 발생한 인장균열의 예

10. 유해한 작용에 대한 보호

1. 서 언

얼마 전 모 건설사 품질관리 담당자로부터 전자우편을 받은 적이 있다. 내용인즉, 표 1과 같은 것으로써 감리측과 이견이 발생함에 기인한 것으로 추측되는데, 여기에서는 이와 같은 내용의 회신으로부터 「유해한 작용에 대한 보호」에 대하여 정리해 보도록 한다.

표 1 문의사항

콘크리트표준시방서 「제2장 일반 콘크리트, 3.5.4 유해한 작용에 대한 보호」에서는 "콘크리트는 양생기간 중에 예상되는 진동, 충격, 하중 등의 작용으로부터 보호해야 한다."라고만 규정하고 있어 후속공사 진행시점에 대한 모호한 점이 있는바 이에 대하여 다음과 같이 문의 드립니다. - 다 음 - 슬래브 콘크리트(설계기준강도 27 MPa) 타설 후, 익일에 거푸집 및 동바리 존치 상태에서 상부층 시공을 위해 슬래브에 먹줄시공을 하게 되는데 후속공사의 진행을 위해 슬래브 상부 보행(예, 먹줄시공 등)이 가능한 콘크리트의 압축강도 수준 또는 양생기간(20 ℃ 기준)은 어떻게 해야 하는지요?

2. 규정사항

사단법인 한국콘크리트학회 제정 콘크리트표준시방서의 유해한 작용에 대한 보호는 양생에 관한 규정으로 다음 표 2와 같이 정해져 있고, 동내용에 대한 해설에는 다음 표 3과 같이 규정되어 있다.

또한, 대한건축학회제정 건축공사표준시방서 제5장 철근콘크리트공사의 양생부분에는 표 4와 같이 규정되어 있다.

표 2 콘크리트표준시방서 규정

> 3.5 양생
>
> 3.5.1 일반사항
>
> 〈중간생략〉
>
> 3.5.4 유해한 작용에 대한 보호
>
> (1) 콘크리트는 양생기간 중에 예상되는 진동, 충격, 하중 등의 유해한 작용으로부터 보호해야 한다.
>
> (2) 재령 5일이 될 때까지는 해수에 씻기지 않도록 보호한다.

표 3 콘크리트표준시방서 해설내용

> 3.5.4 유해한 작용에 대한 보호
>
> (1), (2)충분히 경화되지 않은 콘크리트는 충격이나 과대한 하중, 진동 등에 의하여 균열 등의 손상을 받기 쉬우므로 경화 도중에 콘크리트 위에 재료를 얹어 놓거나 질량물을 떨어뜨리는 일이 없도록 할 필요가 있다. 유해한 작용에는 이외에도 타설작업 중에 소낙비, 양생수의 수질, 급열양생용 히터의 과열 등을 들 수 있다. 그러므로 초기재령의 콘크리트 성질을 잘 이해한 다음 이들의 유해한 작용을 피할 수 없는 경우, 예를 들면 철근콘크리트구조의 아파트공사에서 이미 타설한 콘크리트가 충분히 양생되기 전 불가피하게 동바리를 세워 위층의 콘크리트를 쳐야 할 때는 동바리 설치 등의 하중으로 인하여 콘크리트가 그 영향을 받지 않도록 보호하지 않으면 안 된다.

표 4 건축공사표준시방서 규정

3.4 양생 3.4.1 일반사항 〈중간 생략〉 3.4.3 진동이나 외력으로부터의 보호 콘크리트를 부어넣은 후 1일간은 원칙적으로 그 위를 보행하거나 공사기구 및 기타 중량물을 올려놓아서는 안 된다. 불가피하게 보행이나 작업을 해야 하는 경우에는 담당원의 지시를 받는다. 또한 그 후에도 경화중인 콘크리트에 해로운 충격 등을 주지 않도록 주의하여야 한다.

3. 고찰

시방서규정 중 유해한 작용에 대한 보호와 관련하여 우선, 응결경화중인 콘크리트에 진동·충격 혹은 과대하중이 작용하게 되면 균열이나 콘크리트 일부에 손상을 받게 된다. 진동·충격이나 과대하중의 발생원으로는 인근의 항타작업, 콘크리트 압송시 펌프배관의 진동, 콘크리트 위에서의 중량물 설치·운반 및 교통진동 등이 있다.

또한, 조기재령 콘크리트에 철근적재와 같은 과대한 하중을 가하게 되면 경우에 따라 곧바로는 균열이나 파손을 일으키지 않을지라도 장기적으로는 크리프에 의하여 처짐이 크게 되고, 최종적으로는 균열을 일으키게 되는 원인이 되므로 이와 같은 과대하중이 작용하지 않도록 주의할 필요가 있다.

그러면 후속공사 진행을 위한 슬래브 상부의 보행은 언제부터 가능할까? 원칙적으로 슬래브 상부의 보행은 과대하중 작용으로 보기는 어렵지만, 그래도 슬래브에 하중이 작용하는 것임에는 틀림이 없다. 따라서 후속공사 진행을 위해 슬래브 상부 보행이 가능한 압축강도 수준 또는 양생기간과 관련하여 콘크리트표준시방서에는 표 2 및 3의 내용처럼 모호하게 표현되어 있지만, 건축학회 제정 건축공사표준시방서에는 표 4와 같이 1일간은 먹줄작업과 같은 보행을 분명히 금지하고 있으므로 부득이 1일 이내에 먹줄작업을 할 수밖에 없는 경우는 불가피한 경우로서 담당원의 지시를 받을 수밖에 없다.

그러나 이와 같은 규정을 정하게 된 배경으로 우리나라 건축공사표준시방서에는 해설이 없지만 일본 건축공사표준시방서의 동해설 부분인 경우 1일간은 반드시 진동·외력으로부터 보호되어야 하고 3일 이후에야 작업이 가능한 것으로 해설에 기술되어 있다. 이렇게 되면 이 내용은 현재 실무와 너무 큰 차이가 발생하는 상황이 되어 더욱 어렵게 되고 만다.

그런데 이 시방서의 규정이 일본에서 제정될 당시(1950~1970년대 참고문헌)에는 대략 15~18 MPa의 저강도가 일반적으로 쓰임에 따라 1일강도는 28일압축강도에 10~15 % 정도인 것을 참고(현재는 20~50 %까지도 발휘)하고 또한 보엽, 기둥 등 거푸집 탈형시기 등과도(20 ℃ 이상일 때 4일간 존치) 연관시켜 보면, 이 규정은 시대에 많이 뒤떨어지는 것임을 금방 이해할 것이다.

따라서 먹줄작업과 같이 슬래브 상부 보행이 가능한 시간의 기준은 본인의 주관적인 생각으로 측면 거푸집 탈형시기와 연관시켜 생각하면 무리가 없을 것으로 생각된다. 즉 5 MPa 이상으로 관리하면 무리가 없을 것으로 사료된다. 왜냐하면 측면 거푸집을 탈형하기 위해서는 슬래브 상부에 올라가지 않으면 안 되기 때문이다.

따라서 서언에서 모 건설사 품질관리 담당자가 본인에게 문의해온 내용의 회신으로 슬래브 상부 보행이 가능한 콘크리트의 양생기간(20 ℃ 기준)은 반드시 며칠 혹은 몇 시간으로는 정해지는 것이 아니고, 구조체관리용 공시체로부터 5 MPa가 확인되는 시간(혹은 양생온도와 시간의 합인 적산온도로부터 결정하거나 P형 슈미트햄머 등 비파괴시험으로부터 확인할 수도 있음)으로 정하게 되면 바람직할 것이다. 그러면 여름철인 경우는 12시간 정도에서 보행이 가능할 수도 있는데, 특히 미국의 일례에서는 2일 1사이클로 1층씩 건축공사를 진행하는 경우에 4시간이면 먹줄작업을 강행한다고 하고도 있음에 너무 무리해서 조기에 진행하는 것은 문제가 있지만 시대에 뒤떨어질 정도로 장시간의 하중보호를 고집하는 것도 바람직한 태도는 아닌 것으로 사료된다.

사진 1 P형 슈미트햄머에 의한 콘크리트의 초기품질시험

11. 양생중인 콘크리트의 진동으로부터 보호

1. 서 언

양생과정에 있어 타설된 콘크리트의 유해한 작용에 대한 보호로서 앞 단원에서는 시방서 규정과 해설 내용 및 후속공사 진행을 위한 슬래브 상부의 보행에 대하여 기술하였다.

여기에서는 앞 단원의 연속으로 유해한 작용 중 발파, 항타, 펌프압송 및 차량통행 등에서 발생하는 각종 진동으로부터 양생중인 콘크리트의 보호에 대하여 고찰해 보도록 한다.

2. 문헌 및 규정사항

한국콘크리트학회의 「콘크리트표준시방서」 및 대한건축학회의 「건축공사표준시방서」에는 전 강좌에서 언급한 것처럼 포괄적인 의미의 유해한 작용에 대한 보호규정일 뿐이지 구체적으로 어느 시점에서 어느 크기 만큼의 진동을 방지해야 하는지에 대한 언급이 없다.

따라서 진동으로부터 양생중인 콘크리트 보호와 관련하여 먼저, 문헌상의 연구자료로서 1970년 Bastian C.E.는 콘크리트 타설 직후 76 mm/sec의 파일항타 진동 속에서 3일간 양생된 콘크리트와 무진동으로 양생된 콘크리트의 압축강도 등을 비교하였는데, 진동의 경우가 오히려 무진동보다 4% 정도의 높은 강도를 나타낸 바 있다. 1984년 Hulshizer A.J.는 굳지 않은 콘크리트에 발파진동이 미치는 영향을 실내 및 현장조건으로 실험하였다. 역시 진동속도를 203.2~508.0 mm/sec까지 가했지만 28일강도 및 내구성 면에서 진동을 가하지 않은 것보다 저하한다는 결과는 얻지 못한 것으로 보고하고 있다.

국내의 연구로서, 1990년도 임종석 등은 진동속도 0.002~48 mm/sec를 응결경화가 진행중인 콘크리트에 작용시켜 28일 강도를 측정하였는데, 3~5시간에 작용하는 진동은 콘크리트강도를 저하시키고 진동속도의 크기는 영향이 없는 결과를 보고하였다. 또한 1998년 오병환 등은 2.5~42 mm/sec를 12시간 이내에 작용시키고 압축강도 및 부착강도 등을 측정하였는데, 3 mm/sec 이상에서는 강도가 어느 정도 저하하여 진동을 방지하도록 하는 것을 제안하고 있다.

기타 타설된 콘크리트의 진동 허용치에 대한 국가규격 중 미국토목학회(ASCE)의 규정치 및 미국수송부의 규정치는 표 1 및 2와 같고, 독일의 규정치는 표 3과 같다.

표 1 미국토목학회의 양생중인 콘크리트에 대한 진동 허용치

타설 후 경과시간	진동 허용치 (mm/sec)
0~12시간	2.54
12~24시간	12.7
1~5일	12.7~25.4 (비례하여 증가)
5일 이상	25.4

표 2 미국수송부의 양생중인 콘크리트에 대한 진동 허용치

타설 후 경과시간	진동 허용치 (mm/sec)
0~4시간	50.8
4~24시간	6.35
1~3일	25.4
3~5일	127
5일 이상	254

표 3 독일 VIBRATECH의 양생중인 콘크리트에 대한 진동 허용치

타설 후 경과시간	진동 허용치 (mm/sec)
12시간	6.35
24시간	12.7
2일	25.4
7일	63.5
14일	102
28일	127

3. 고찰

발파, 항타 등 진동으로부터 양생중인 콘크리트 보호와 관련하여 문헌적인 고찰 및 각국의 규정사항에 대하여 정리하여 보았다. 상기의 정리된 내용에서 알 수 있듯이 연구자 및 국가마다 약간씩은 다른 결과이기 때문에 한마디로 말할 수는 없지만 다음과 같이 정리할 수 있다. 즉 콘크리트 타설 후 20℃ 전후의 온도에서 초결이 진행되기 이전인 대략 4시간까지는 콘크리트가 액상화를 유지하므로 이때에 발생하는 어느 정도의 진동은 콘크리트에 불리한 균열이나 강도저하 등의 결함으로 연결되지 않고, 오히려 다짐효과로 영향을 미쳐 약간은 강도를 증진시키는 것까지도 고려할 수 있다.

그러나 액상상태에서 소성상태로 진행되는 초결(4시간 전후) 이후부터 경화가 진행되어 강도가 발휘되기 이전인 종결(6~7시간 전후)까지는 거푸집을 통해 전달되는 진동이 그대로 콘크리트에 미쳐 균열이나 기타 조직이완으로 강도 및 내구성 등을 저하시키게 된다. 그 다음으로 강도가 어느 정도 발휘되지만 충분한 내력을 갖지 못하는 경화초기단계(12~24시간)에서는 큰 진동인 경우 강도가 저하될 수 있지만 그 이후에는 비교적 큰 진동까지도 피해가 발생하지 않게 됨을 이해할 수 있을 것이다.

따라서 타설중인 콘크리트에서 진동문제가 가장 중요하게 영향을 미치게

되는 시기는 초결 및 종결 사이인 응결시간 중(소성상태)에 특히 유의해야 하고, 가능하면 경화초기에도 주의할 필요가 있다.

단, 본 고와는 약간 다른 내용이지만 사용중인 건축구조물의 안전과 관련한(안전진단시 고려사항임) 진동속도의 허용기준치는 독일규정의 경우 표 4 및 5와 같음도 참고할 필요가 있다.

표 4 연속진동의 영향에 대한 진동속도의 허용기준치(DIN 4150)

행	건물종류	진동속도(mm/sec)의 허용기준치
1	상업용 건축물, 공업용 건축물 및 이와 유사한 구조의 건축물	10
2	주거 건물 및 구조상 이와 유사한 종류의 건축물	5
3	특별한 진동 민감도를 가지고 있어서 제1행 및 제2행에 해당하지 않고, 또 특별히 보호할 가치가 있는(예를 들어 보호관리 대상 기념물) 건축물	2.5

표 5 단속진동의 영향에 대한 진동속도의 허용기준치(DIN 4150)

<table>
<tr><th rowspan="4">행</th><th rowspan="4">건물종류</th><th colspan="4">진동속도(mm/sec)의 허용기준치</th></tr>
<tr><th colspan="3">기 초</th><th>최상부, 전층의 바닥</th></tr>
<tr><th colspan="3">주파수</th><th rowspan="2">모든 주파수</th></tr>
<tr><th><10Hz</th><th>10~50Hz</th><th>50~100*Hz</th></tr>
<tr><td>1</td><td>상업용 건축물, 공업용 건축물 및 이와 유사한 구조의 건축물</td><td>20</td><td>20~40</td><td>40~50</td><td>40</td></tr>
<tr><td>2</td><td>주거 건물 및 구조상 이와 유사한 종류의 건축물</td><td>5</td><td>5~15</td><td>15~20</td><td>15</td></tr>
<tr><td>3</td><td>특별한 진동 민감도를 가지고 있어서 제1행 및 제2행에 해당되지 못하고, 또 특별히 보호할 가치가 있는(예를 들어 보호관리 대상 기념물) 건축물</td><td>3</td><td>3~8</td><td>8~10</td><td>8</td></tr>
</table>

*100Hz를 초과하는 주파수의 경우 최소한 100Hz의 기준값을 사용해야 한다.

12. 콘크리트의 백화(白華 ; Efflorescence) 방지

1. 서 언

얼마 전 경남 김해의 ○○콘크리트 품질관리팀 주임이라고 하는 분으로부터 사진 1과 같은 보강토 옹벽블록의 백화문제를 전자우편으로 문의받은 바 있다. 따라서 여기에서는 콘크리트에서 발생하는 백화(白華 : Efflorescence)에 대하여 정의, 발생원인, 제거 및 방지에 대하여 고찰해 본다.

2. 정의

건축용어 사전에는 백화에 대하여 「석재, 콘크리트 및 벽돌 등의 표면에 스며 나와서 결정(結晶)이 된 흰 물질」이라고 표현되어 있다. 그러나 이 경우는 외부에 보이는 현상만을 설명한 것으로서 부족함이 있고, 정확하게는 「모르타르나 콘크리트 중의 가용성분을 용해한 물이 내부의 공극을 통하여 표면으로 이동한 다음, 표면의 건조에 따라 수분이 증발하고 표면에 석출한 물질 또는 표면으로 이동한 가용성분이 공기 중의 탄산가스와 반응하여 표면에 침착(沈着)한 백색의 물질」이라고 정의하면 바람직할 것으로 생각된다.

백화는 발생시기와 원인물질을 이동시키는 물의 종류에 따라 그림 1과 같이 1차백화와 2차백화로 나누어진다. 1차백화는 콘크리트 비빔용수 중 잉여수에 용해된 원인물질이 시멘트 경화체의 건조와 함께 석출하여 발생한 것을 말하고, 2차백화는 빗물, 지하수, 양생수 등 외부로부터 침입한 물에 의해 원인물질이 표면으로 이동하여 건조와 동시에 석출한 것을 말한다.

백화의 성분은 발생까지의 재령, 대상물, 환경조건, 사용한 혼화재료 등에 따라 다르지만 대표적인 성분은 $CaCO_3$, $Ca(OH)_2$, Na_2SO_4, Na_2CO_3, K_2CO_3, $CaSO_4$ 등이 된다. 이와 같은 것들은 모두 시멘트 중에 녹아 있는 성분이 기원이다.

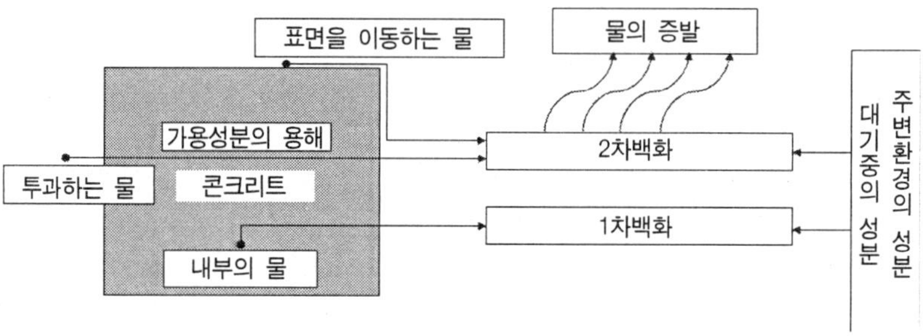

그림 1 백화 발생의 모식도

사진 1 보강토옹벽의 백화

사진 2 보강토옹벽 작업모습

3. 발생원인

백화는 앞서 설명한 것처럼 물에 가용할 수 있는 성분이 마감재료 표면에서 석출 혹은 침착하여 발생하는 것으로 물의 이동이 용이할수록 발생하기 쉽다. 즉 콘크리트 및 벽돌 등의 1차백화는 공극률이 많고 투수계수가 큰 경화체에서 비교적 건조속도가 빠른 환경일 때 백화가 발생하기 쉽다.

이때, 공극률이 많고 투수계수가 큰 경화체로는 물시멘트비가 큰 경우, 수화의 진행 정도가 적은 경우, 잔골재의 조립률이 매우 크거나 골재비가 지나치게 많은 경우 등을 들 수 있다. 또한 건조속도에 미치는 환경요인으로는 기온, 습도, 풍속, 일사 등을 들 수 있는데, 겨울철 비가 온 후 급속히 습도가 저하하고 바람이 적당하게 부는 경우인데, 이럴 때 특히 백화가 생기기 쉬운 것은 건조속도가 적당히 빠르기 때문이다. 단, 건조속도가 극단적으로 빠른 경우나 전혀 건조하지 않는 경우는 백화가 생기지 않는다.

태양과 접하는 면과 관련해서는 그늘진 면일 때 용해된 물이 콘크리트 표면으로 삼출(滲出)이 계속되기 때문에 백화가 생기기 쉽다.

또한 2차백화의 발생요인은 사진 1 및 2와 같은 경우로서 보강토옹벽을 롤러로 다짐한 경우 그곳에서 방수층이 형성되어 상층부의 우수가 그 층에서 밖으로 흘러나오게 되는 것과 기타 구조물인 경우는 물끊기나 방수처리가 잘 안 되어 서서히 누수되는 부위, 시공불량의 줄눈(콜드조인트) 등에서 많이 발생하는데, 타일이나 석재 표면에서는 백색으로 심한 물흐름 자국 모양으로 나타나고, 지붕이나 지하실의 누수되는 곳에서는 경우에 따라 고드름 모양이 구조체에 생기기도 하고, 물이 떨어지는 곳에서는 석순이 커져 올라오는 모양도 볼 수 있다.

이와 같은 경우는 특히 물이 통과하는 콘크리트에 단위시멘트량이 많거나 시멘트 중의 알칼리량이 많거나 골재 및 혼화재료 중에 염류를 다량 함유하는 등 백화의 원인성분이 많이 함유될수록 심해진다.

4. 백화의 제거와 방지

이상에서와 같이 콘크리트 구조물에서 발생하여 문제시되는 1, 2차백화는 손쉽게 제거되지 않는다. 즉 백화의 성분 중 Na염이나 K염은 물에 대한 용해도가 높기 때문에 물 쉽게 제거되지만 백화성분 중 대부분을 차지하는 Ca염은 용해도가 낮기 때문에 물로는 제거되지 않는다. 따라서 백화의 제거방법은 철솔(와이어 브러시), 철수세미, 연마지(샌드페이퍼)로 문지르거나 묽은 염산 등 산으로 용해시켜 내는 방법 밖에는 없다. 어느 방법이나 미관을 해치므로 미관을 유지하기 위해서는 세심한 처리가 필요한데, 특히 산을 이용하는 경우에는 경화체의 물성에 유해한 영향을 주지 않도록 주의할 필요가 있다.

백화를 방지하는 방법으로는 백화가 발생하기 쉬운 상황과 반대의 상황을 만들어내는 것이다. 즉 1차백화는 경화체의 공극률을 낮게 하고 투수계수를 작게 하여 물의 이동을 억제하면 되는데, 이렇게 하기 위해서는 콘크리트 배합에서 물시멘트비를 작게 하고 수화의 진행 정도를 높이고 골재비를 작게 하는 등 대책을 강구하면 좋다.

또한 2차백화의 방지에는 외부로부터 물의 침입을 막는 것이 대책이 된다. 더욱이 물의 이동과는 별도로 원인성분의 고정 및 불용화도 백화방지에는 유효한데, 백화방지제로서 감수제, 충전제, 경화촉진제, 표면경화제, 표면도막형성제, 방수제, 발수제, 보수제 등이 사용되고, 원인성분을 고정 · 불용화시키는 방지제도 있다.

13. 콘크리트의 「암」 알칼리골재반응

1. 서 언

최근, 언론보도상에는 진전된 예방 및 치료로부터 「암」의 정복 가능성을 보도하고 있다. 그러나 아직까지는 암을 극복하기란 어려운 것으로 생각되는데, 콘크리트에 있어서도 인간의 암과 같은 현상을 일컬어 알칼리골재반응(Alkali-aggregate reaction : AAR)이라 한다.

금번 회에서는 이와 같은 콘크리트의 「암」인 알칼리골재반응에 대하여 그 정의, 반응메커니즘 및 방지대책에 대하여 고찰해 본다.

2. 정의 및 반응메커니즘

알칼리골재반응이란 골재중의 반응성 실리카(비결정질 실리카 혹은 열역학적으로 불안정한 실리카)가 시멘트 등으로부터 기인하는 알칼리와 반응하여 함수비정질 물질(含水非晶質物質 ; 알칼리-실리카겔 ; Alkali-silica gel)을 생성하는 반응을 말하는데, 이때 생성된 비정질 물질은 콘크리트 내부에 국부적인 팽창압력을 발생시켜 사진 1과 같이 구조물 전체에 균열을 발생시킨다. 즉 알칼리골재반응을 일으킨 콘크리트의 손상양상은

1) 이상팽창
2) 표면에 망상균열
3) 알칼리-실리카겔(대부분 백색)이 노출
4) 골재입자 둘레에 검은색 반응환이 보이는 경우도 있다.

사진 1 알칼리골재반응에 의한 피해 사례

알칼리골재반응은 1940년대 미국에서 최초로 발견된 이후 일본 등 세계 각국에서 그 피해 예가 다수 보고되고 있는데, 우리나라에서는 그다지 심각하지는 않아도 부순골재를 사용하고 있는 한 안전하다고만은 볼 수 없다.

알칼리골재반응은 종전의 경우 알칼리실리카반응(Alkali-silica reaction : ASR), 알칼리탄산염암반응, 알칼리실리케이트반응인 3종류로 분류하였으나, 최근의 연구결과에 의하면 알칼리탄산염암반응, 알칼리실리케이트반응도 모두 알칼리실리카 반응에 귀결됨으로써 알칼리골재반응은 모두 알칼리실리카 반응이라고 말하고 있다.

알칼리실리카반응은 그림 1과 같이 반응성 골재, 충분한 알칼리용액 및 수분의 3요소가 모두 만족될 때 발생하고(3요소 중 1요소라도 만족하지 못하면 반응은 나타나지 않음) 온도가 높을수록 반응은 촉진된다.

알칼리실리카반응의 팽창메커니즘은 다음의 반응식과 같이 진행된다.

$SiO_2 + 2NaOH + NH_2O \rightarrow Na_2SiO_3 \cdot NH_2O \rightarrow$ 팽창

$Na_2SiO_3 \cdot NH_2O + Ca(OH)_2 + H_2O \rightarrow CaSiO_3 \cdot NH_2O + 2NaOH \rightarrow$ 팽창

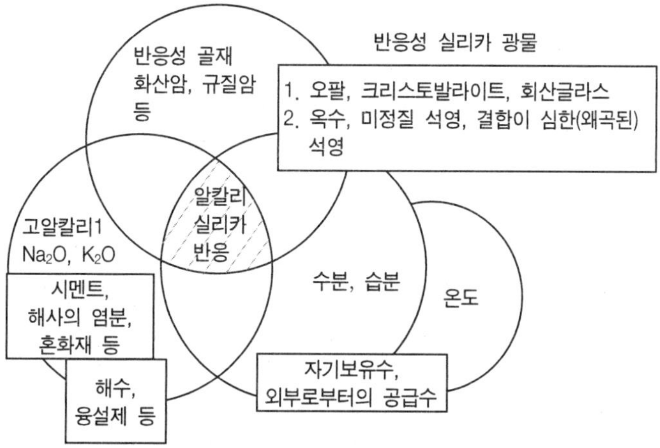

그림 1 알칼리-실리카반응의 발생요건

그림 2는 반응성 골재와 시멘트 풀 계면부분의 화학조성을 분석한 예이다. 알칼리실리카겔의 조성에서 실리카 골재측에는 칼슘(Ca)이 적고 실리카가 많으며 시멘트 풀측에는 실리카가 적고 칼슘이 많지만 알칼리량은 반응 생성물 중 골재 근방에서 피크를 이루는 거동을 볼 수 있다.

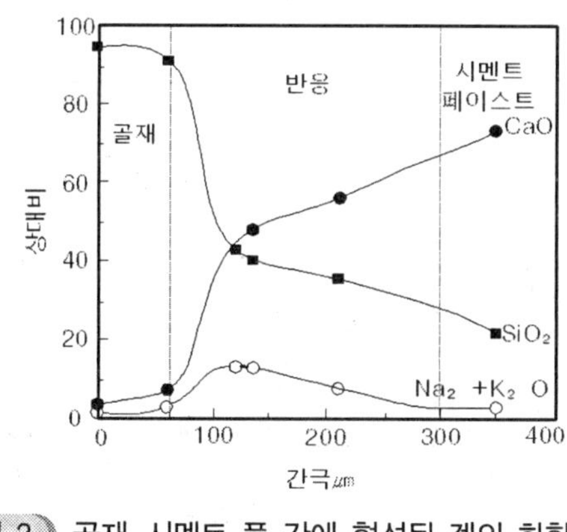

그림 2 골재-시멘트 풀 간에 형성된 겔의 화학조성

3. 억제대책

알칼리실리카반응의 억제대책으로는 그림 1의 발생요건 중 어느 하나를 제거하는 것으로서 다음과 같은 방법이 있다.

1) 신뢰할 수 있는 자료 또는 시험에 의해 알칼리반응성이 없는 것이 확인된 골재를 사용한다.

2) 반응성이 확인되지 않은 골재는 다음 중 한 가지에 따른다.

① 포틀랜드 시멘트의 등가알칼리량이 0.6% 이하인 저알칼리형 시멘트 사용

② 콘크리트에 도입되는 총 알칼리량이 3 kg/m^3 이하로 제한

③ 알칼리골재반응에 억제효과가 있는 고로슬래그미분말, 플라이애시 등 사용

3) 물, 해수, 흙 등에 접하는 부재는 수밀성 재료로 마감한다.

그러나 한 가지 중요한 사항은 알칼리골재반응의 경우 페시멈(Pessimum ; 사전적으로는 양, 상태, 환경, 조건 등에서 가장 불리한 정도로 설명될 수 있지만 여기서는 반응성골재가 일정비율로 혼입되어 있을 때 팽창이 최대로 되는 현상으로 설명된다.) 현상이 있다.

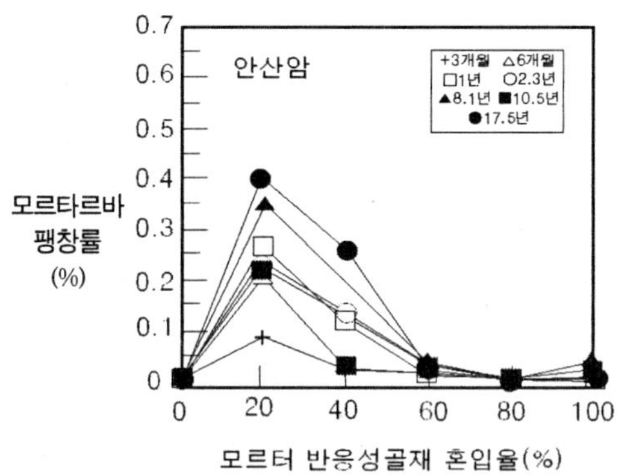

그림 3 모르타르바법에 의한 페시멈 현상의 예

일례로 그림 3과 같이 반응성골재가 많이 있다고 하여 반드시 팽창이 많이 일어나는 것은 아니고, 특정한 조건이 형성될 때(그림 3의 경우는 20% 치환율) 최대팽창이 발생하므로 알칼리 골재반응이 반드시 일어나는 상황임에도 일어나지 않는 경우가 있고, 일어나지 않는 상황임에도 경우에 따라서는 발생할 수 있는 등 매우 난해한 상황이 있으므로 알칼리실리카반응에 관한 한 신중을 기할 필요가 있다.

참고로 골재의 알칼리실리카반응의 가능성을 평가하는 KS규격의 표준적인 시험방법으로는 다음 표 1과 같은 방법들이 있다.

표 1 알칼리골재반응 시험법의 종류

규격명	내 용
KS F 2545	○골재의 알칼리 잠재반응 시험방법(화학적 방법)
KS F 2546	○골재의 알칼리 잠재반응 시험방법 (모르타르봉 방법)
KS F 2825	○골재의 알칼리실리카반응성 신속 시험방법 (콘크리트 생산공정 관리용)

III 특수 콘크리트

1. 경량 콘크리트의 개요 및
   무 잔골재 콘크리트
2. 경량골재의 개요
3. 경량골재의 품질규격
4. 경량골재 콘크리트의 제조 및 시공
5. 경량골재 콘크리트의 특성
6. 경량기포 콘크리트의 개요 및 제조
7. 경량기포 콘크리트의 품질규격 및 품질 향상
8. 섬유보강 콘크리트의 개요 및 무기계 섬유보강 콘크리트
9. 유기계 섬유보강 콘크리트
10. SIFCON의 특성 및 방폭 콘크리트의 개발
11. 초고성능 콘크리트와 관련한 용어
12. 고인성 고성능 콘크리트의 특성
13. 고인성 고성능 콘크리트의 수축저감 및 내화특성
14. 고강도 콘크리트의 내화성능 관리

1. 경량 콘크리트의 개요 및 무 잔골재 콘크리트

1. 서 언

일반적으로 콘크리트는 압축강도가 크고 내구성이 양호하다는 등의 장점이 있지만 무게가 무겁다는 단점도 있다. 이와 같은 문제점을 해결하기 위한 방안으로는 콘크리트의 고강도화도 가능하겠지만 경량 콘크리트의 활용이 가장 바람직한 방안으로 받아들여지고 있다. 일례로 일본의 경우는 동경도청사를 경량 콘크리트로 시공한 바 있는 등 많이 보급하고 있지만 유감스럽게도 우리나라에서는 실용화가 많지 않아 아쉽게 느껴진다.

따라서 여기에서부터 몇 단원에 걸쳐서는 경량 콘크리트에 대하여 기술하는데, 본 단원에서는 경량 콘크리트의 개요와 잔골재를 사용하지 않는 무 잔골재 콘크리트를 대상으로 기술한다.

2. 경량 콘크리트의 분류

경량 콘크리트는 크게 구조용과 비구조용으로 구분된다. 또한 콘크리트를 경량화하는 방법에는 그림 1에서와 같이 시멘트 페이스트에 생성된 기포를 혼합하여 질량을 감소시키는 경량기포 콘크리트, 그리고 다공질의 경량골재를 사용하는 경량골재 콘크리트, 골재 사이에 공극이 가능한 한 많이 형성되도록 잔골재를 사용하지 않는 무 잔골재 콘크리트로 분류된다.

3. 무 잔골재 콘크리트

1) 제조

무 잔골재 콘크리트의 제조에 적합한 골재로는 천연 강자갈을 비롯하여 각국에서 기준안을 마련해 놓고 있는데, 그 골재의 입도는 10~20 mm로 20 mm 이상은 최대 5 % 이내이며, 10 mm를 통과하는 것도 최대 10 % 이내가 되면 적합하다. 그리고 세장, 편평한 골재는 워커빌리티를 저하시키며, 다량의 시멘트 페이스트를 필요로 하므로 가능하면 구형에 가까운 형상의 골재를 선택해야 한다. 단, 골재의 표면조직은 다소 거친 것이 부착에 좋다.

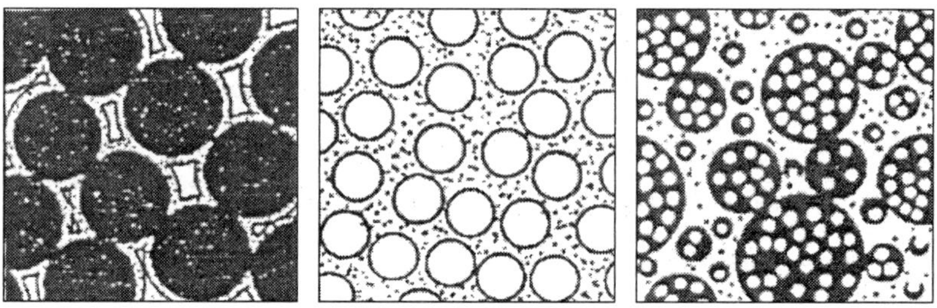

그림 1 경량기포 콘크리트의 제조방법에 의한 분류

또한 무 잔골재 콘크리트를 타설할 때의 적당한 반죽질기란 골재가 시멘트 페이스트로 완전히 피복되어서 단일색이 될 정도이다. 그러나 단위수량이 많을 경우는 시멘트 페이스트가 흘러내려 골재와 분리된다. 따라서 무 잔골재 콘크리트의 만족할 만한 점착력과 시멘트 페이스트의 손실을 줄인다는 견지에서는 재료분리현상을 제거해야 한다. 이와 같은 이유 때문에 무 잔골재 콘크리트의 물-시멘트비 결정은 반죽질기나 워커빌리티에 크게 좌우되지 않고 단지 시멘트 페이스트의 골재 피복 및 점착력 증진에 기인하여 보통 콘크리트 또는 기타 경량 콘크리트의 물-시멘트비 범위보다 상당히 낮은 수준에서 그 범위가 한정되어야 한다.

무 잔골재 콘크리트의 배합에 있어서 단위시멘트량은 밀도가 큰 자갈이나 쇄석을 사용하고 시멘트 : 골재의 용적 배합비가 1 : 8일 때 약 180 kg/m^3 정도의 단위시멘트량이 소요되며, 경량골재인 경우에는 1 : 6배합비에 250 kg/m^3 정도의 단위시멘트량이 소요된다.

이와 같이 무 잔골재 콘크리트 배합은 단위시멘트량을 상당히 절약할 수 있는데, 이는 잔골재를 혼합하지 않으므로 잔골재의 표면을 피복할 만큼의 시멘트량이 절약되기 때문이다. 따라서 단위시멘트량의 증감은 단지 굵은골재의 피복두께를 좌우하게 되어, 같은 단위시멘트량에서는 시멘트 : 골재 용적배합비가 클수록 피복두께가 두꺼워져 강도가 높게 발현된다. 그리고 배합할 때 골재는 시멘트 페이스트와 혼합하기 전에 골재의 함수상태에 대한 세심한 주의를 기울여야 한다. 이는 골재의 흡수율이나 함수상태가 유효 물-시멘트비에 영향을 끼치게 되며, 이는 다시 콘크리트의 강도에 영향을 끼치게 되기 때문이다.

2) 특성

① 압축강도

일반적으로 무 잔골재 콘크리트의 압축강도는 2~14 MPa 정도의 값을 갖는다. 대부분의 경우 무 잔골재 콘크리트의 강도를 좌우하는 요인은 콘크리트의 밀실도에 따른 단위용적질량, 단위시멘트량과 골재용적배합비에 따른 시멘트 페이스트의 골재 피복두께와 밀접한 관계가 있다.

또한 골재의 입경범위가 압축강도에 영향을 미치게 되는데 보통 콘크리트의 물리적인 성질에 미치는 골재의 영향에 관한 연구의 결과와 같이 무 잔골재 콘크리트의 압축강도는 골재의 입경분포가 작은 범위에서 강도가 크게 나타나는 것으로 보고되고 있다.

물-시멘트비가 강도에 미치는 영향은 보통 콘크리트에서와는 달리 주된 요소는 아니다. 즉 물-시멘트비는 단지 골재를 피복하는 시멘트 페이스트의 점착력과 관계 있으므로 적정 물-시멘트비의 범위는 낮은 수준에서 결정되어야 한다. 이는 시공연도, 즉 워커빌리티에 있어서 그 선택의 폭이 좁다는 것을 의미하는 것이다.

② 부착강도

일반적으로 무 잔골재 콘크리트는 철근과의 부착력이 약하기 때문에 철근 콘크리트는 사용하지 않는 것이 상례이다. 그러나 철근을 사용하지 않으면 안 될 경우에는 부착강도를 높이고, 또한 철근의 부식을 막기 위하여 약 2~3 mm 정도의 시멘트 페이스트로 피복하여 사용한다.

③ 건조수축

무 잔골재 콘크리트의 건조수축은 같은 골재를 사용한 보통 콘크리트에 비하여 현저히 작은 약 60 % 정도이다. 이것은 콘크리트 내부에서 시멘트 페이스트가 골재를 에워싸고 있는 엷은 피막으로 존재하고 건조에 따른 수축은 골재에 의하여 억제되는 것으로 보고되어 있다.

그러나 건조수축의 속도는 보통 콘크리트에 비하여 상당히 빠른데, 이것은 시멘트 페이스트가 공기에 접하는 넓은 표면적에 기인하는 것이다. 따라서 무 잔골재 콘크리트의 건조수축은 그 전체의 80 %가 타설 10일 이내에 발현된다.

2. 경량골재의 개요

1. 서 언

일반적으로 경량 콘크리트라 하면 경량골재 콘크리트를 말한다.

여기에서는 앞 단원의 경량 콘크리트에 대한 개요 및 무 잔골재 콘크리트에 관한 고찰에 이어 경량골재 콘크리트 중 경량골재의 분류 및 적용 분야 등 경량골재의 개요에 대하여 먼저 고찰해 보도록 한다.

2. 경량골재의 정의 및 분류

경량골재(Lightweight aggregate)란 콘크리트 혹은 모르타르 제조용으로서 보통골재보다 밀도가 작은 골재를 말하는데, 표 1과 같이 천연 경량골재, 인공 경량골재, 산업부산물 경량골재(부산 경량골재)로 분류된다.

표 1 경량골재의 종류

구 분	종 류	특 성
천연 경량골재	화산자갈(火山礫), 경석, 용암 등	경석(輕石)이 많이 쓰인다.
인공 경량골재	팽창점토, 팽창혈암 등	천연 경량골재보다 강도가 크고, 입자모양도 구형이다.
부산 경량골재	팽창슬래그 등	중량은 가볍지만 흡수율이 크다.

천연산 경량골재에는 화산자갈(火山礫)·경석(輕石)·용암(熔岩) 등이 있지만, 특히 경석이 많이 쓰인다.

인공 경량골재는 조립형과 비조립형의 두 종류가 있다. 비조립형은 원석

(주로 혈암)을 적당한 크기로 부순 상태에서 소성·팽창시켜 만든 것이고, 조립형은 원석을 일단 분쇄하여 이것을 적당한 크기로 조립하고 소성·팽창시켜 만든다. 그렇기 때문에 조립형의 입자는 거의 구형이다. 조립형의 원료로는 혈암(頁岩) 외에 플라이애시나 폐기물 등을 이용할 수도 있지만 현재의 시판품은 대부분 점토·혈암에서 만들어지고 있다. 즉 일반적인 인공 경량골재는 점토·혈암을 고온으로 소성(燒成)한 것으로서, 소성할 때 균질하게 팽창발포(膨脹發泡)시킨 팽창점토·팽창혈암 등이 있다. 잔골재는 비조립형으로서 혈암을 미세하게 부수어 소성·팽창시켜 만든다.

인공 경량골재는 천연산보다 강도가 크고, 알갱이 모양도 구형으로 양호하다. 이들 인공 경량골재 중 일부는 비교적 가격이 고가이지만 천연산 골재가 부족할 때에는 건설자재의 공급원으로서 어쩔 수 없이 주목되고 있다.

산업부산물 경량골재로는 석탄재나 슬래그를 급랭시켜 만든 팽창 슬래그가 있다.

또한 천연 경량골재의 결점을 개량한 것으로는 표면을 시멘트 반죽으로 발라서 입형(粒形)을 둥글게 하여 흡수율을 적게 한 표면가공품 및 발수성 방수재 등 방수재로 표면을 처리한 제품 등도 있다.

경량골재의 밀도는 특수한 것을 제외하고 0.9~1.9 g/cm^3 정도이므로 경량골재를 사용한 콘크리트는 보통의 콘크리트보다 중량이 20~30 % 가볍고, 보온성·차음성(遮音性)이 풍부한 콘크리트가 되므로 수송비 절감, 건설물 경량화에 따른 철근·철골의 절약, 고층화에 따른 토지이용도 증가하는 등의 이점이 많아 다방면에서 건설물의 효율화에 기여하고 있다. 다만, 흡수율이 보통 골재보다 크므로 시공할 때는 특별한 주의를 요한다.

참고로 최근 선진화된 원형 인공 경량골재 제조공정의 일례에 대하여 소개하면 그림 1과 같고, 기타 다양한 인공 경량골재 제품은 사진 1 및 2와 같다.

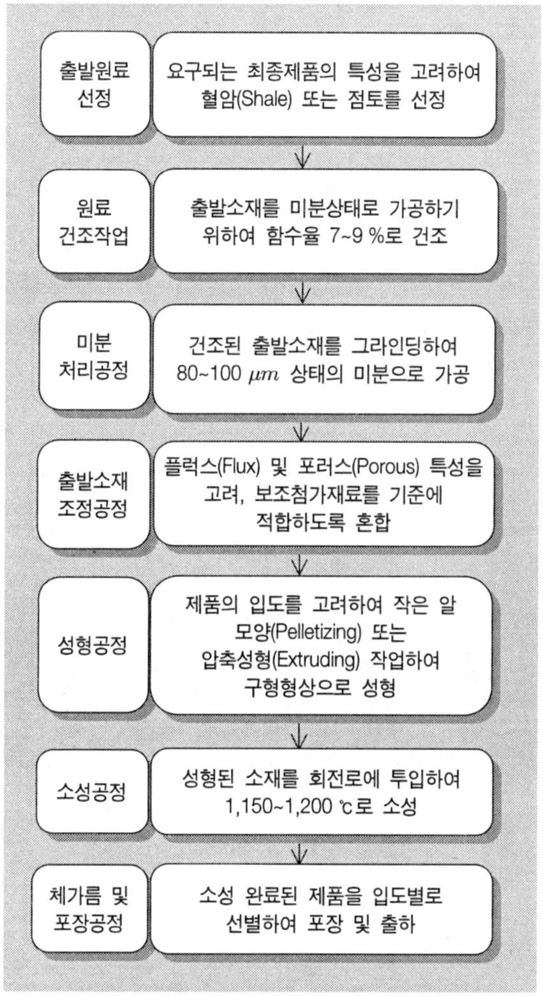

그림 1 원형 인공골재 제조 공정 일례

사진 1　다양한 인공 경량골재
(출처 : http://blog.daum.net/dolsdols)

사진 2　압출성형된 경량 콘크리트 패널
(출처 : www.acotec.co.kr)

3. 경량골재의 적용 분야

경량골재의 적용은 용어에서 알 수 있는 바와 같이 무게를 가볍게 하여 이익을 얻을 수 있는 건설 분야가 기본이지만 기본에 추가하여 다음과 같은 적용 분야도 가능할 수 있다.

1) 내력구조 분야

(1) 초고층화를 가능하게 하는 경량 콘크리트 등 건축 분야
(2) 장스팬 교량을 가능하게 하는 경량 콘크리트 등 토목 분야
(3) 기타 하중경감이 요구되는 건설구조물

2) 비내력구조 및 2차 제품 분야

(1) 경량, 보온, 흡음을 목적으로 하는 블록, 패널
(2) 차음을 목적으로 하는 방음벽
(3) 바닥충격음을 고려하는 차단구조
(4) 단열, 보냉, 흡음, 내화 등을 목적으로 하는 모르타르
(5) 기타 건축·토목 분야의 채움(Filling)재

3) 환경소재 분야

(1) 여과재(Filter)
(2) 미생물 담체(Bio filter)
(3) 식생 기반재(화분용, 옥상녹화용 인공토양 등)
(4) 수경재배용(Hydro culture, hydroponics)

3. 경량골재의 품질규격

1. 서 언

앞 단원에서는 경량골재 콘크리트용 경량골재에 대하여 정의, 분류 및 적용분야 등 개요에 관하여 고찰하였다. 여기에서는 앞 단원에 이어 경량골재의 품질규격에 대하여 기술한다.

2. 구조용 경량골재의 품질규격

우리나라 KS규격에는 경량골재와 관련하여 표 1과 같이 구조용 경량골재(KS F 2534)와 절연콘크리트용 경량골재(KS F 2551)의 2종류가 존재한다.

표 1 KS 규격의 경량골재 종류

구분	구조용 경량골재	절연콘크리트용 경량골재
적용범위	콘크리트의 경량성과 압축강도를 고려하여야 하는 경우 사용	외기에 노출시키지 않고 주로 열절연용 콘크리트에 사용
골재종류	1) 고로슬래그, 점토, 규조토암, 플라이애시, 점판암과 같은 것을 팽창·소성·소괴하여 생산되는 골재 2) 경석, 화산암, 응회암과 같은 천연재료를 가공한 골재	1종 : 진주석 또는 질석과 같은 암석을 팽창시켜서 만든 골재 2종 : 고로슬래그, 점토, 규조토, 플라이애시, 혈암, 점판암 등을 팽창·소성 또는 조립하여 만든 골재와 경석, 화산암, 응회암 같은 천연재료로 만든 골재

품질규격으로는 구조용 경량골재와 절연콘크리트용 경량골재가 서로 다른데, 본 고에서는 구조용 경량골재에 대하여만 고찰한다.

1) 입도

구조용 경량골재의 입도는 표 2의 시료량으로 KS F 2502의 체가름시험을 실시하였을 때 표 3의 범위에 해당하는 것으로 한다. 또한 경량골재는 골재 무더기 입도의 균일성을 확인하기 위하여 주기적으로 조립률(FM)을 측정해야 한다. 어느 무더기에서 골재의 조립률이 허용값과 7% 이상 차이나면, 이 골재가 소요성질의 콘크리트를 생산할 수 있다는 확증이 없는 한 그 무더기를 사용해서는 안 된다.

표 2 골재의 시료량

골재의 단위용적질량 (kg/m³)	시료량 (g)
80~240	50
240~400	100
400~560	150
560~720	200
720~880	250
880~1,040	300
1,040~1,120	350

표 3 경량골재의 입도

구분 \ 체의 호칭치수*(mm) / 골재의 치수(mm)		각 체를 통과하는 질량 백분율(%)								
		25	20	13	10	5	2.5	1.2	0.3	0.15
잔골재	5~0	-	-	-	100	85~100	-	40~80	10~35	5~25
굵은골재	25~5	95~100	-	25~60	-	0~10	-	-	-	-
	20~5	100	90~100	-	10~50	0~15	-	-	-	-
	13~5	-	100	90~100	40~80	0~20	0~10	-	-	-
	10~2.5	-	-	100	80~100	5~40	0~20	0~10	-	-
잔골재와 굵은 골재의 혼합물	13~10	-	100	95~100	-	50~80	-	-	5~20	2~15
	10~0	-	-	100	90~100	65~90	35~65	-	10~25	5~15

* 여기서 체는 각각 KS A 5101-1에 규정하는 시험용 망체 26.5 mm, 19 mm, 13.2 mm, 9.5 mm, 4.75 mm, 2.36 mm, 1.18 mm, 300 μm 및 150 μm 에 해당한다.

2) 단위용적질량

경량골재의 단위용적질량은 표 4의 규정에 적합하여야 한다. 또한 단위용적질량의 균일성으로서, 계속 적재하는 경량골재 무더기의 단위용적질량은 허용값에서 10 % 이상 차이가 나지 않도록 한다.

표 4 경량골재의 단위용적질량

치 수	건조된 상태의 최대 단위용적질량(kg/m³)
잔골재	1,120
굵은골재	880
잔골재와 굵은골재의 혼합물	1,040

3) 유해물 함유량

경량골재의 유해물 함유량으로서 유기불순물은 유기불순물시험(KS F 2510)에서 표준색 이하이어야 하고, 얼룩은 육안으로 진한 얼룩이 없어야 하는데, 화학적 시험(KS F 2468)에서 1.5 mg 이상의 산화철(Fe_2O_3)을 함유하지 않아야 한다. 또한, 점토덩어리 양은 KS F 2512시험에서 건조질량으로 2 % 이하, 강열감량은 KS L 5120 중 해당시험에서 5 % 이하이어야 한다.

4) 콘크리트의 품질

시험중인 경량골재를 사용 콘크리트 공시체를 제작(KS F 2403)하여 강도시험을 했을 때 압축강도(KS F 2405)나 인장강도(KS F 2423)가 다음 표 5에 규정하는 값의 하나 또는 둘 이상을 동시에 만족시키고 대응하는 단위용적질량의 값을 초과하지 않아야 한다.

경량잔골재의 일부 또는 전부를 천연모래로 대체하였을 때에도 표 4의 규격에 적합하여야 한다. 이때 압축강도와 단위용적질량은 3회 시험한 평균값

(1회는 3개의 공시체), 인장강도는 8개의 공시체를 시험한 평균값으로 구한다. 단, 강도시험용 공시체는 재령 7일일 때 습윤양생실에서 꺼내어 온도 23±2 ℃, 상대습도 50±5 %의 상태로 건조시켜 시험할 때까지 유지하는 점이 보통 콘크리트와 다른 점이다.

강도에 대응하는 단위용적질량의 중간값을 구할 때에는 직선보간법(직선회귀식화하여 중간임의의 x값에 대응하는 y값을 구하는 방법)으로 구한다.

또한 콘크리트로서의 건조수축은 KS F 2424와 다른 방법(골재 : 시멘트= 6 : 1, 슬럼프 50~75 mm가 되는 수량, 골재 최대치수가 13 mm 이하일 때 50×50×280 mm 강제몰드 이용, 또한 재령 100일에서 건조수축 측정 등)으로 시험하여 0.01 % 이하여야 하고, 팝-아웃은 없어야 하며, 내구성으로 동결융해시험도 필요할 경우 실시하도록 하고 있다.

표 5 콘크리트의 품질

단위용적질량(kg/m³)	재령 28일에서의 인장강도(MPa)	재령 28일에서의 압축강도(MPa)
1,840 이하	2.0 이상	27.0 이상
1,760 이하	2.0 이상	21.0 이상
1,680 이하	2.0 이상	18.0 이상

4. 경량골재 콘크리트의 제조 및 시공

1. 서 언

앞 단원에서는 경량골재에 대한 정의, 분류, 적용 분야 등 개요와 품질규격에 관하여 고찰하였다. 여기에서는 경량골재 콘크리트의 제조 및 시공에 대하여 시방서에 기재되어 있는 내용을 중심으로 기술하여 본다.

2. 경량골재 콘크리트의 종류 및 품질

대한건축학회 제정 건축공사표준시방서 및 한국콘크리트학회 제정 콘크리트표준시방서에는 골재의 전부 또는 일부에 인공경량골재를 사용한 콘크리트를 경량골재 콘크리트로 정의하고 있다.

경량골재 콘크리트의 종류로는 경량골재 콘크리트 1종 및 2종으로 분류하고 있는데, 즉 잔골재는 모래, 부순모래, 고로슬래그 잔골재와 같이 보통 중량의 잔골재를 사용하고, 굵은골재만을 인공경량골재로 사용하는 경우를 경량골재 콘크리트 1종, 잔골재와 굵은골재 모두에 인공경량골재를 사용하는 경우를 경량골재 콘크리트 2종으로 분류하고 있다. 시방서에 규정된 설계기준강도 및 기건단위용적질량의 범위는 표 1과 같다.

이때 실무에 적용하기 위한 설계기준강도 및 기건단위용적질량은 공사시방서에 따르게 되지만 슬럼프 값은 180 mm 이하, 단위시멘트량은 300 kg/m^3 이상, 물시멘트비는 60 % 이하로 제조되어야 하는 것이 시방서에 규정되어 있다.

단, KS F 4009에 규정되어 있는 경량 콘크리트는 굵은골재 최대치수 15, 20 mm에 대하여 슬럼프 80, 120, 150, 180, 210 mm, 호칭강도 18, 21, 24,

27, 30, 35, 40 MPa로서 단위용적질량은 구입자가 생산자와 협의하여 지정하도록 되어있다.

표 1 경량골재 콘크리트의 설계기준강도 및 기건단위용적질량의 범위

사용한 골재에 의한 콘크리트의 종류	사용골재		설계기준강도 (N/mm^2)	기건단위용적질량 (t/m^3)
	굵은골재	잔골재		
경량골재 콘크리트 1종	인공경량 골재	모래, 부순모래, 고로슬래그 잔골재	18 21 24	1.7~2.0
경량골재 콘크리트 2종	인공경량 골재	인공경량골재나 혹은 인공경량골재의 일부를 모래, 부순모래, 고로슬래그 잔골재로 대체한 것	15 18 21	1.4~1.7

3. 자재관리

경량골재 콘크리트에 필요한 자재로서 시멘트, 혼화재료, 물에 관하여는 보통콘크리트와 동일하고, 인공경량골재는 KS F 2534(구조용 경량골재)에 적합한 것이어야 한다. 굵은골재의 최대치수는 15 mm 또는 20 mm가 일반적이지만 정확하게는 공사시방에 따르게 된다.

경량골재는 배합 전 충분히 흡수시켜 펌프압송시 물이 흡수되어 유동성이 저하됨으로써 펌프가 막히는 폐색사고를 방지하도록 해야 하는데, 원칙적으로는 표면건조 내부 포수상태에 가까운 상태로 사용한다.

경량골재 취급 및 저장시 주의사항은 다음과 같다.

1) 골재를 쌓아둘 곳은 될 수 있는 대로 물빠짐이 좋고, 햇볕을 덜 받는 장소를 택한다.
2) 골재의 짐부리기, 쌓아올리기 및 물뿌리기를 할 때는 입자가 분리되지 않도록 한다.

3) 골재에 때때로 물을 뿌리고 표면에 포장 등을 하여 항상 같은 습윤상태를 유지한다.

4. 배합 및 제조

경량골재 콘크리트의 배합설계에서는 소요의 강도, 워커빌리티, 밀도, 균일성 및 내구성을 얻을 수 있도록 제반 배합요소를 정하는데, 일반적인 사항은 보통콘크리트와 동일하다. 단, 공기량은 KS F 2409(질량법), KS F 2449(용적법)으로 측정하는 것을 원칙으로 하며, 5 %를 표준으로 한다.

또한, 계획배합은 다음 식에 의거하여 요구되는 기건단위용적질량의 추정치 W_d가 공사시방서의 기건단위용적질량 이하에서 이것에 근사한 값이 되도록 정한다.

$$W_d = G_0 + S_0 + S'_0 + 1.25C_0 + 120\ (\text{kg/m}^3)$$

여기서 :

G_0 : 계획배합의 경량 굵은골재량(절건)(kg/m³)

S_0 : 계획배합의 경량 잔골재량(절건)(kg/m³)

S'_0 : 계획배합의 보통 잔골재량(절건)(kg/m³)

C_0 : 계획배합의 시멘트량(kg/m³)

경량골재 콘크리트의 제조는 가능한 KS 표시허가를 받은 레디믹스트 콘크리트 공장에서 제조하도록 한다.

5. 시공 및 품질관리

경량골재 콘크리트의 운반에 있어서 콘크리트의 배합, 부어넣기 개소, 단위시간당 부어넣기량 및 시공조건 등을 고려하여 분리·누수 및 품질변화가 생기지 않도록 에지테이터트럭 등 운반장비를 이용한다. 또한 부어넣기, 다짐을 실시할 때에는 골재분리가 생기지 않도록 펌프 및 바이브레이터를 선정 및 조작하여 시공하도록 한다. 특히, 경량골재 콘크리트는 타설 후 안정될 때까지 침하량이 비교적 크므로 보와 바닥의 콘크리트는 기둥 및 벽체의 콘크리트가 충분히 안정된 다음에 부어넣는다.

시공 중 콘크리트 표면에 떠오르는 경량골재는 탭핑, 흙손을 이용하여 내부에 눌러 넣음으로써 콘크리트 표면이 평탄하게 되도록 마무리한다.

경량골재 콘크리트의 철근 피복두께는 필요에 따라 보통 콘크리트의 피복두께보다 10 mm를 더한 것으로 한다.

경량골재 콘크리트의 품질관리 및 검사는 일반 콘크리트와 동일하다. 단, 레디믹스트 콘크리트의 내리는 지점과 공사현장에서 비비는 콘크리트의 비빔이 끝날 때 단위용적질량의 관리 및 검사는 다음 식에 따라서 계획배합에 의하여 요구되는 아직 굳지 않은 콘크리트의 단위용적질량을 기준으로 실시한다. W_w와 단위용적질량 실측치와의 차이의 허용범위는 ±3.5 %로 한다.

$$W_w = G_0(1+p_G/100)+S_0(1+p_S/100)+S'_0(1+p'_S/100)+C_0+W_0(\text{kg/m}^3)$$

여기서,

W_w : 계획배합에 의한 굳지 않는 콘크리트의 단위용적질량(kg/m^3)
G_0 : 계획배합의 경량 굵은골재량(절건)(kg/m^3)
S_0 : 계획배합의 경량 잔골재량(절건)(kg/m^3)
S'_0 : 계획배합의 보통 잔골재량(절건)(kg/m^3)
C_0 : 계획배합의 단위시멘트량(kg/m^3)
W_0 : 계획배합의 단위수량(kg/m^3)
p_G : 사용시 경량 굵은골재의 흡수율(%)
p_S : 사용시 경량 잔골재의 흡수율(%)
p'_S : 사용시 보통 잔골재의 흡수율(%)

5. 경량골재 콘크리트의 특성

1. 서 언

앞 단원에서는 경량골재에 관한 개요, 품질규격과 경량골재 콘크리트의 제조 및 시공에 대하여 고찰하였다. 여기에서는 앞 단원에 이어 경량골재로 제조된 경량골재 콘크리트에 대하여 굳지 않은 상태 및 경화상태에서의 제반 특성을 기술해 본다.

2. 굳지 않은 콘크리트의 특성

1) 유동성

경량골재 콘크리트의 유동성 척도인 슬럼프치는 골재의 밀도가 작으므로 동일한 점성의 시멘트 페이스트를 사용한 보통 콘크리트보다 작게 나타난다. 즉 골재의 종류나 배합에 따라 차이는 있지만 일반적으로 일정 슬럼프치를 얻기 위한 경량골재 콘크리트의 단위수량은 보통 콘크리트인 경우보다 3~5% 증가시켜야 한다.

또한, 배합상 잔골재율(S/a)의 경우는 고강도인 경우는 차이가 적게 나타나지만 일반강도인 경우는 골재의 영향이 중요하므로 입자모양이 비조립형의 경우는 크게, 조립형인 경우는 작게 정해주어야 한다.

2) 공기량 및 기타

경량골재 콘크리트의 겉보기 공기량은 일반 콘크리트보다 크게 나타난다. 그러나 이 경우는 시멘트 페이스트 중의 공기가 아닌 골재 중의 공기가 겉보기 공기량으로 나타나는 만큼 골재수정계수(골재만을 공기량 시험기에 넣고 공기량시험을 했을 때 나타나는 공기량)를 빼주어 콘크리트 공기량으로 정해야 한다.

콘크리트의 단위용적질량은 경량 콘크리트의 품질로서 매우 중요한 특성 요인인데, 시험방법은 제 I 권 IV-7을 참조하고, 품질관리는 앞 단원을 참조한다.

3. 역학적 특성

1) 압축강도

경량골재 콘크리트의 압축강도는 사용하는 경량골재의 강도, 배합조건, 양생조건 등에 영향을 받는데, 역시 보통콘크리트와 같이 인장강도, 휨강도 등을 추정하는데 기본이 된다.

그림 1과 같이 경량골재 콘크리트에 있어서 단위용적질량이 작은 것을 사용하면 경량성에는 유리하지만 골재의 강도가 작기 때문에 콘크리트의 압축강도는 저하된다. 따라서 경량골재 콘크리트의 역학적 효율성을 높이기 위하여 비강도를 크게, 즉 단위용적 질량은 작게 하고 골재의 강도는 크게 하는 노력이 필요하다.

경량골재 콘크리트의 압축강도는 W/C에도 영향을 받는다. 그림 2는 고강도 경량 콘크리트의 경우이지만 어느 정도의 범위 내에서는 W/C가 작아질수록 비례적으로 강도가 증가하나 단, 경량골재 콘크리트의 파괴성상은 보통콘크리트의 골재입자와 시멘트 페이스트의 부착파괴와 달리 골재 자체가 파괴됨에 따라 어느 한계에서 변곡점을 나타내며 계속적으로 동일하게 비례하여 강도가 증가하지 않는 경향을 나타낸다.

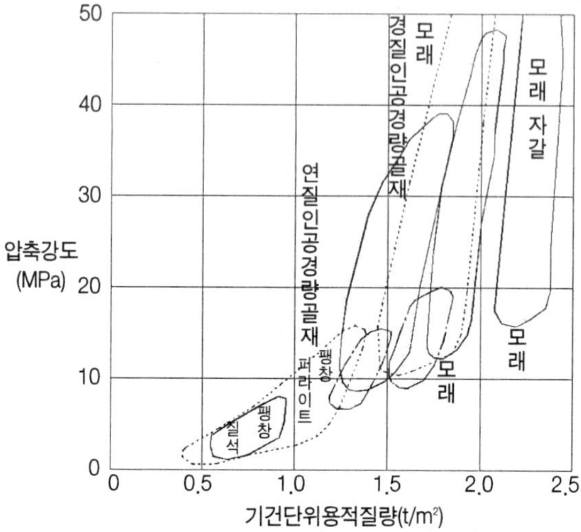

그림 1 각종 경량골재 콘크리트의 기건 단위용적질량과 강도의 범위

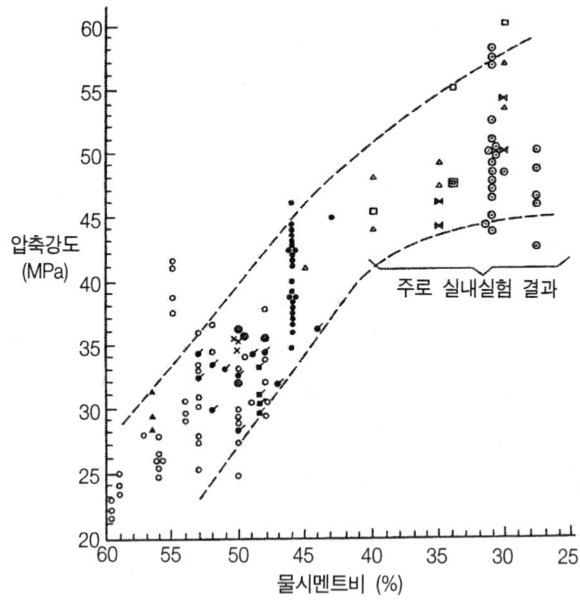

그림 2 고강도 경량골재 콘크리트의 W/C와 강도의 관계

2) 인장강도 및 휨강도

표 1은 경량골재 콘크리트의 압축강도에 대한 인장강도 및 휨강도간의 비를 나타낸 것이다. 경량 콘크리트의 압축강도가 비교적 작은 범위에서는 보통콘크리트와 동일하게 비례하여 인장강도 및 휨강도가 증가하지만 압축강도가 고강도인 경우는 보통콘크리트보다 그 비율이 작게 됨을 알 수 있다.

표 1 압축강도와 인장강도 및 휨강도의 관계

골재	인장강도/압축강도	휨강도/압축강도
경량골재	1/9~1/15	1/6~1/10
강골재	1/9~1/13	1/5~1/7

비고 : 압축강도 20~40 MPa

3) 탄성계수 및 기타

경량골재 콘크리트의 탄성계수는 그림 3과 같이 압축강도 및 단위용적질량과 밀접한 관계가 있다. 일반적으로 경량골재 콘크리트의 탄성계수는 보통콘크리트보다 작은 값을 나타낸다.

또한 경량골재 콘크리트의 내구성으로 내동해성은 보통콘크리트보다 취약한 특성을 나타낸다. 따라서 내동해성을 향상시키기 위하여 AE공기량을 1% 많게 할 필요가 있다. 중성화 문제는 동일한 압축강도 조건에서는 큰 차이가 없거나 낮은 W/C의 배합조건, 큰 흡수율에 따른 탄산가스 침투곤란 등의 이유로 경량골재 콘크리트의 경우가 양호해진다는 보고도 있다. 건조수축의 경우도 경량골재 콘크리트는 보통콘크리트보다 크게 되는데, 특히 표면과 중심간의 건조수축률 차이는 표면부에 많은 균열을 나타나게 하는 원인이 되기도 한다.

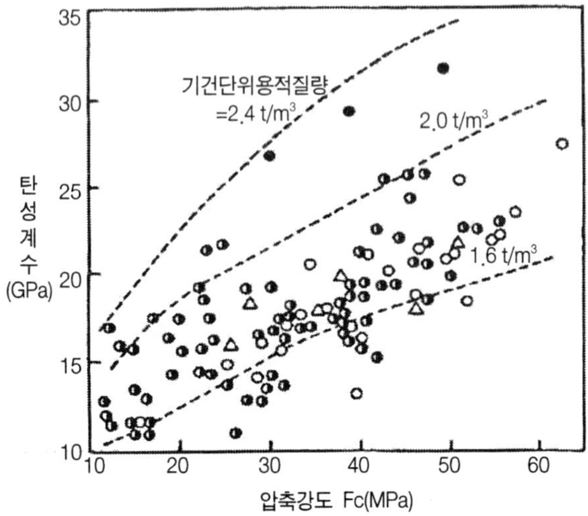

그림 3 콘크리트의 압축강도와 영계수

4. 열적 특성 및 기타

경량골재 콘크리트는 구조적인 측면에서 경량화에 1차적인 목적이 있겠지만 단열, 내화 등 열적 특성과 음향적 측면의 차음성에도 역할을 기대할 수 있다. 일례로, 표 2는 보통콘크리트에 비하여 팽창혈암을 사용한 인공 경량골재 콘크리트의 열적 성질을 나타낸 것으로 보통콘크리트에 비하여 열확산율, 열전도율 및 선팽창률이 작게 나타나 열적 성능이 우수함을 알 수 있다.

표 2 콘크리트의 열적 성질

(Gmax : 20 mm, W/C : 45 %, 슬럼프 : 40 mm)

구 분	보통 콘크리트	인공 경량골재 콘크리트
열확산율 h^2 ($\times 10^{-5}m^2/h$)	300	140
열전도율λ (W/m · K)	2.4	1.2
비열 C (Kj/kg · K)	1.09	1.72
선팽창률 α ($\times 10^{-6}$/ ℃)	7.4	5.8

6. 경량기포 콘크리트의 개요 및 제조

1. 서 언

이전 단원에서는 경량 콘크리트와 관련하여 경량 콘크리트의 전반적인 개요 및 무 잔골재 콘크리트로부터 경량골재 콘크리트의 특성에 이르기까지 전반적인 내용을 고찰하였다.

여기에서는 경량 콘크리트의 분류 중 마지막으로 경량기포 콘크리트에 대하여 기술해본다.

2. 경량기포 콘크리트의 종류

경량기포 콘크리트는 시멘트 또는 석회에 모래나 혼화재료, 물을 넣어서 혼합한 슬러리에 다량의 공기포를 도입함으로써 콘크리트 내부에 기포(0.1~1 mm)를 형성시켜 경화시킨 다공질의 재료를 말한다. 따라서 경량기포 콘크리트는 동일한 용적의 일반콘크리트보다 매우 가볍게 만든 콘크리트가 된다.

경량기포 콘크리트는 표 1에서 보는 바와 같이 그 제조 방법에 따라 가스 콘크리트와 폼 콘크리트로 나누어진다. 가스 콘크리트는 ALC(Autoclave lightweight concrete)와 같이 아직 굳지 않은 콘크리트에 발포제의 화학반응을 통하여 얻어진 기포를 콘크리트 중에 포함시키는 방법으로 응결했을 때 다량의 기체반응이 포함된다.

폼 콘크리트는 아직 굳지 않은 콘크리트인 슬러리에 기포제의 물리적인 계면활성 작용에 의해 얻어진 기포를 포함시키는 방법이다.

표 1 경량기포 콘크리트의 분류 및 명칭

<table>
<tr><td rowspan="2">경량기포 콘크리트
(Aerated concrete, Cellular concrete, Pore concrete, Porous concrete)</td><td>Gas concrete</td><td>· Post foaming concrete
금속 알루미늄 분말과 알칼리반응으로 가스를 발생시켜 수소 가스를 발포시키는 방법</td></tr>
<tr><td>Foamed concrete</td><td>· Mix foaming foam concrete
기포제를 슬러리 중에 첨가하여 혼합하는 과정에서 발포시키는 방법
· Pre-foaming foam concrete
발포기에서 별도로 만든 기포를 슬러리와 함께 혼합하는 방법</td></tr>
</table>

또한, 경량기포 콘크리트는 기포의 제조와 도입 순서에 따라 다음과 같이 분류되기도 한다.

1) 선기포 방식(Pre-foaming type)

계면활성제를 주원료로 하는 기포제(일반적으로 30~50배의 물로 희석하여 사용)를 고압공기와 함께 기포 발생기에 주입하여 기포를 발생시키고 이것을 미리 혼입한 시멘트 슬러리에 첨가·혼합하여 제조하는 방법으로, 기포의 양을 조절하기 쉽고, 현장발포가 용이하며, 비교적 균일한 독립기포가 형성된다는 장점이 있다. 현재 국내에서 적용되고 있는 현장타설용 경량기포 콘크리트는 대부분 선기포 방식에 의하여 제조되고 있다.

2) 후기포 방식(After-foaming type)

시멘트 슬러리의 혼합시 알루미늄분말, 아연분말 등 활성분말의 발포제를 혼합하여 소정의 시간이 경과한 후 활성분말이 수산화칼슘 등 알칼리와 화학반응하여 발생되는 수소가스에 의해 기포를 도입하는 방법으로 여러 가지의 발포제가 제안되고 있으나 실용화되고 있는 것은 안정성 및 발포성능면에서 알루미늄분말이 주로 사용된다.

이 방식은 온도의 영향을 많이 받고 구형의 거칠고 엉성한 기포가 형성되며 기포의 크기와 분포도 불균일한 편이다. 국내에서 사용되는 대표적인 후기포 방식의 경량기포 콘크리트는 ALC를 들 수 있는데, 사진 2와 같은 블록이나 패널형태의 2차 제품으로 시판된다.

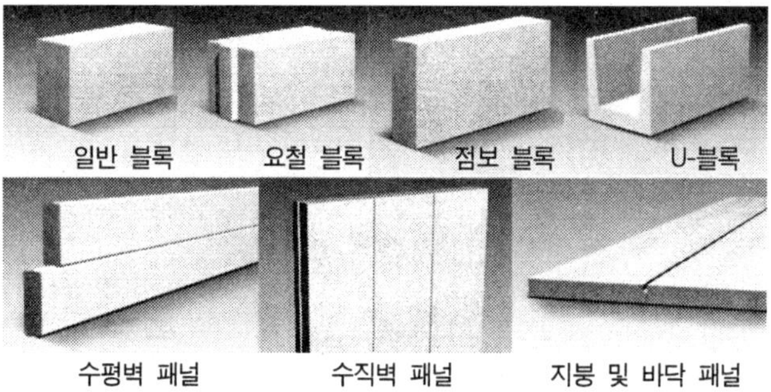

출처 : www.syc-alc.co.kr

사진 1 ALC 제품

3) 혼합기포 방식(Mix-foaming type)

AE제 등의 계면활성제를 슬러리에 첨가하여 혼합과정에서 교반에 의한 물리적인 작용으로 기포를 도입하는 방법이다. 혼합기포 방식의 기포는 고속전단믹서에서 형성되며, 초기에는 큰 기포가 형성되지만 배합과정에서 잘게 부서진다. 기포의 분포는 비교적 균일하지만 혼합시간에 따라 기포 도입량에 큰 차이가 발생하고, 도입 공기량에는 물리적인 한계가 있으며, 기포발생량의 조절이 어려우므로 실무에서는 거의 이용되지 않고 있다.

3. 경량기포 콘크리트의 용도 및 제조방법

1) 경량기포 콘크리트의 용도

경량기포 콘크리트는 재료의 특성상 충전용, 단열용, 내화용, 구조용으로 쓰는데, 표 2는 경량기포 콘크리트를 사용 분야별로 그 용도를 나타낸 것이다.

표 2 경량기포 콘크리트의 용도별 구분

구 분		세부사항
건축용	주택, 아파트, 빌딩, 공장	・주택의 바닥 벽면 단열 ・일반 건축물의 옥상 단열층 ・특수 시설물, 체육 시설물의 방진, 방음 ・건축물, 기계실, 전기실 바닥의 방음, 방진, 단열 ・건물 내부, 주차장 바닥 단열 ・냉동실, 건조실, 식품창고, 축사 등의 단열
토목용	도로, 터널, 상하수도, 철도	・보조기층용, 동파방지용, 기층용 ・그라우팅 충전용 ・상하수도 동파방지용 ・조경용
2차 제품		・건축용 내화재 ・조립식 P.C 패널 ・경량벽돌, 블록 ・상하인방

2) 경량기포 콘크리트의 제조방법

① 현장타설 경량기포 콘크리트

현장타설 경량기포 콘크리트는 그림 1과 같이 제조한다. 우선, 시멘트와 각종 혼화재를 일정한 비율로 섞은 결합재에 물을 첨가하여 잘 배합시킴으로써 슬러리를 제조한다. 또한 기포제와 희석수를 적절한 비율로 섞은 기포 희석액을 압축공기를 통해 발포기로 통과시켜 생성된 기포를 제조한다.

현장타설 경량기포 콘크리트는 혼합중인 슬러리 내에 생성기포를 주입하여 내부에 일정한 기포를 지닌 팽창 슬러리를 생성시키는데, 이 슬러리는 대상 구조물에 압송호스를 통하여 주입하고, 양생시킴으로써 제조된다. 이와 같은 기포콘크리트는 우리나라의 경우 주로 아파트의 거실 등 방부분에 높이차 해결, 단열, 차음 등의 목적으로 난방용 파이프 하부에 시공된다.

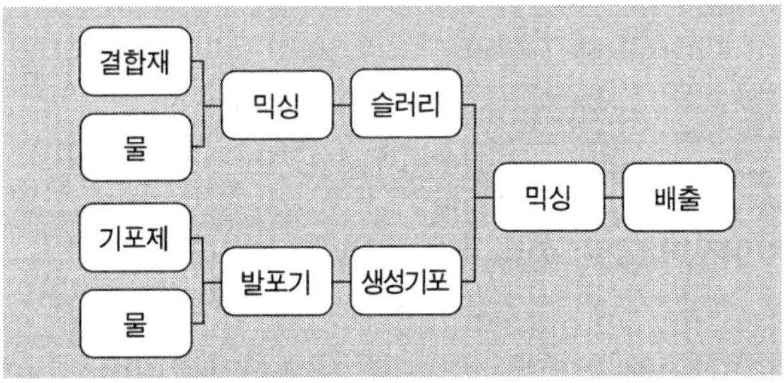

그림 1 현장타설 경량 콘크리트의 제조

② 증기양생 경량기포 콘크리트

규석, 생석회, 시멘트 등의 원료를 혼합하여 알루미늄 분말을 첨가하면 원료 중의 석회석과의 반응에 의하여 서서히 기포가 발생하여 팽창함과 동시에 슬러리의 점도가 높아져 안정화된다. 그러나 팽창 종료시의 슬러리는 반소성체로 유동성은 없으나 연약하여 발생된 기포를 유지시킬 수 있는 정도의 강도를 나타내지만 완전한 경화제로 만들기 위해서는 고온고압의 오토클레이브 조건에서 양생시켜야 한다. 이와 같은 증기양생 경량기포 콘크리트는 ALC블록, ALC패널로 제조하여 단열, 차음 등의 목적으로 주로 벽체구성 재료에 활용된다.

7. 경량기포 콘크리트의 품질규격 및 품질 향상

1. 서 언

앞 단원에서는 경량기포 콘크리트의 개요와 제조법에 대하여 고찰하였다. 여기에서는 앞 단원에 이어 경량기포 콘크리트의 품질규격 및 품질 향상에 대하여 기술해본다.

2. 경량기포 콘크리트의 품질규격

경량기포 콘크리트와 관련한 우리나라 KS규격에는 표 1과 같이 선기포 방식의 KS F 4039와 후기포방식의 KS F 2701, KS F 4914가 존재한다. 세부적인 품질기준으로 KS F 4039의 경우, 굳지 않은 기포 콘크리트의 경우는 표 2, 양생된 기포 콘크리트의 경우는 표 3과 같이 규정되어 있다. 또한 KS F 2701과 KS F 4914의 품질규격은 상호 유사한데, ALC의 절건밀도 및 압축강도는 표 4, 단열성은 표 5와 같고, 기타 블록의 겉모양, 치수 등과 패널의 길이변화율(0.05 % 이하), 겉모양, 굽힘강도, 치수 등은 각각의 KS규정을 참조한다.

표 1 경량기포 콘크리트 관련 KS규격

구 분	내 용	규 격
선기포 방식	현장타설용 콘크리트	KS F 4039
후기포 방식	경량기포 콘크리트 블록(ALC블록)	KS F 2701
	경량기포 콘크리트 패널(ALC패널)	KS F 4914

표 2 굳지 않은 기포 콘크리트의 품질

구분	밀도 (g/cm³)	플로 값 (mm)	침하깊이 (mm)
0.4품	0.39 이상	180 이상	15 이하
0.5품	0.52 이상		10 이하
0.6품	0.72 이상		6 이하

표 3 양생된 기포 콘크리트의 품질

구분	겉보기 밀도 (g/cm³)	압축강도 (MPa)		열전도율 {W/(m · k)}	길이변화율 (%)
		7일	28일		
0.4품	0.3 이상 0.4 미만	0.5 이상	0.8 이상	0.130 이하	0.50 이하
0.5품	0.4 이상 0.5 미만	0.9 이상	1.4 이상	0.160 이하	0.40 이하
0.6품	0.5 이상 0.7 미만	1.5 이상	2.0 이상	0.190 이하	0.30 이하

표 4 ALC의 품질

구분	절건밀도 (g/cm³)	압축강도 (MPa)
0.5품	0.45 이상 0.55 미만	2.9 이상
0.6품	0.55 이상 0.65 미만	4.9 이상
0.7품	0.65 이상 0.75 미만	6.9 이상

표 5 ALC블록 및 패널의 단열성

항목	규정 값	
열저항 값 (m^2K/W)	0.5품	0.0053 d 이상
	0.6품	0.0042 d 이상
	0.7품	0.0036 d 이상

여기에서, d : 패널의 제작 치수 두께(mm)

3. 경량기포 콘크리트의 품질 향상

1) 연구 배경

본 고에서는 주로 현장타설용 기포 콘크리트의 문제점을 개선한 사례에 대하여 보고한다. 즉 단열재 측면에서만 본 경량기포 콘크리트는 경제성 대비 단열성, 시공성이 매우 우수한 재료로서 국내의 거의 대다수 아파트 등 공동주택공사의 온돌바닥구조에 적용되고 있다.

그러나 이를 후속 난방배관 설치공사나 상부 온돌미장 공정 등과 관련하여 채움재라는 측면에서 본다면 기존의 경량기포 콘크리트는 소포에 의한 체적 감소, 강도발현 부족, 과다한 균열 발생과 높은 흡수율 및 투수성 등의 문제점을 가지고 있어 연관 공종에 여러 하자를 유발하고 있는 실정이다. 이는 경량기포 콘크리트의 생산 및 시공에 관한 전반적인 기술 수준의 낙후성에서 기인하는 것으로 분석된다.

2) 실험연구 개요 및 결과

상기의 문제점을 해결하기 위하여 필자를 중심으로 한 연구팀에서는 소포에 의한 체적 감소의 문제해결을 제일로 하고, 강도저하 및 균열문제를 해

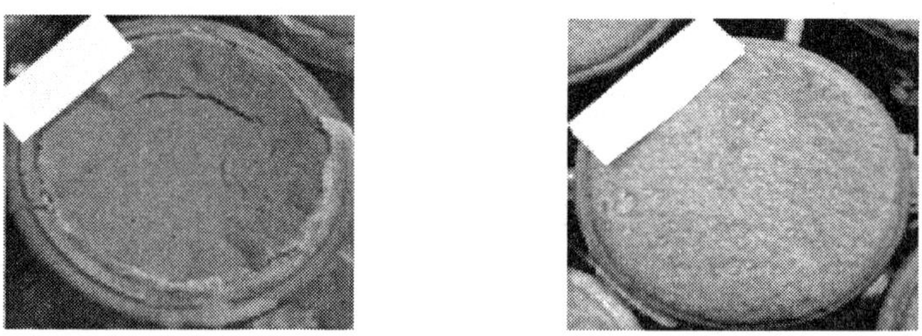

시중품
(체적감소로 인한 침하균열 발생)

개발품
(침하균열 문제 해결)

그림 1 소포문제와 관련한 침하균열

결하기 위하여 수차례에 걸친 실험을 반복하였다. 즉 경량기포 콘크리트용 분체와 관련하여 점성을 발휘할 수 있는 최적의 혼화재 및 증점제를 선정·혼입·첨가하고, 경제성 및 강도를 고려하여 미세립사 및 유동화제를 혼입·첨가시켜 개선된 분체를 완성하였다.(그림 1 참조)

Mock-up 부재 제작 및 타설 후 마감

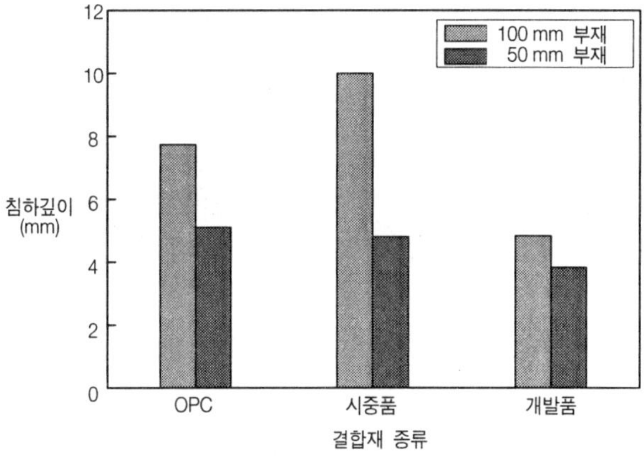

결합재의 종류 변화에 따른 침하깊이

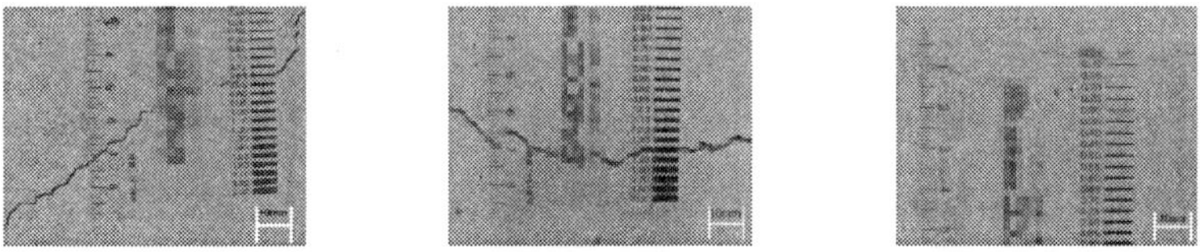

균열폭 0.8 mm (OPC 7일 경과) / 균열폭 1.4 mm (시중품 7일 경과) / 균열폭 0.1 mm (개발품 7일 경과)

그림 2 개발된 경량기포 콘크리트의 효과

3) 개발된 경량기포 콘크리트의 효과

OPC만을 이용한 경우, 기존 시중품과 개발품을 이용한 경우에 비교 실험을 실시하였다.

개발한 경량기포 콘크리트는 그림 2와 같이 현저히 침하깊이가 저하하였고, 또한 7일 경과 후 부재 균열은 OPC만 사용한 경우 및 시중품보다 월등히 작아짐을 알 수 있었다.

참고로 그림 3은 선기포방식 경량기포 콘크리트의 제조장비로서 기존 설비와 개선설비의 모습을 나타낸 것이다.

기존설비

개선설비

그림 3 기존설비와 개선설비의 비교

8. 섬유보강 콘크리트의 개요 및 무기계 섬유보강 콘크리트

1. 서 언

옛 선인들은 흙벽돌로 집을 지을 때 흙이 마르면서 갈라지는 균열을 방지하기 위하여 짚여물을 활용하였고, 회반죽한 벽에서 발생하는 균열을 방지하기 위하여 말총(말의 갈기나 꼬리의 털)을 사용하기도 하였다.

마찬가지로 최근의 건설물에 가장 많이 사용되는 콘크리트의 경우에서도 인장 및 동적하중 하에서 급작스런 파괴를 일으키는 취성을 개량하고, 양생과정 중에서 발생하는 균열 생성 및 성장을 억제하기 위하여 콘크리트에 철근, PC강재 및 각종 섬유 등을 보강하여 사용하고 있다. 이중 섬유보강콘크리트(Fiber reinforced concrete)는 모르타르나 콘크리트 중에 각종 섬유를 골고루 분산시켜 인성을 개량하고 충격강도를 향상시키며, 균열에 대한 저항성을 개선시킬 목적으로 사용하고 있다.

따라서 여기로부터 몇 단원은 섬유보강 콘크리트에 대하여 종전의 연구 및 최근의 연구동향에 대하여도 고찰해 보고자 한다.

2. 섬유보강 콘크리트의 종류

현재 시멘트계 복합재료용 섬유로써 생산 · 이용되고 있는 것은 무기계섬유와 유기계섬유로 대별된다. 무기계섬유로는 강섬유(Steel Fiber), 유리섬유(Glass fiber), 탄소섬유(Carbon fiber) 등이 있고, 유기계섬유로는 폴리비닐알코올계(비니론)섬유, 폴리프로필렌섬유, 아라미드섬유, 폴리아미드계(나일론)섬유, 폴리에틸렌섬유, 폴리에스테르계(테트론)섬유, 셀룰로오스계(레이온)섬유 등이 있는데, 이들 섬유의 물리적 성질은 표 1에 나타낸 바와 같다.

표 1 각종 섬유의 물리적 성질

섬유의 종류 \ 품질구분			직경 (10^{-3} mm)	길이 (mm)	밀도 (10^3 kg/m^3)	탄성계수 (GPa)	인장강도 (MPa)	파괴시 변형률(%)
무기계섬유	강섬유		200~600	10~60	7.85	210	400~2,000	3.5
	유리섬유	E-Glass	8~10	10~50	2.54	73.5	3,570	4.8
		Cem-Fil	12.5		2.54	81.6	2,550	3.6
	탄소섬유	Pan계	7~8		1.78	370	2,500	~0.5
		Pitch계	9		2.00	280	2,500	~1.0
유기계섬유	폴리비닐알코올계(비니론)섬유				1.30	11~37	310~770	3~13
	폴리프로필렌섬유		10~60	5~30	0.90	3.6~18	260~710	5~21
	아라미드섬유				1.45	63~136	70~920	2.1~2.7
	폴리아미드계(나일론)섬유		1~20	5~50	1.14	4.1	765~918	13.5
	폴리에틸렌섬유				0.95	0.14~2.2	200~2,960	10~15
	폴리에스테르계(테트론)섬유				1.40	8.1	740~880	11~13
	셀룰로오스계(레이온)섬유		5~30		1.20	10.2	310~510	10~20

3. 무기계 섬유보강 콘크리트의 특성

1) 강섬유보강 콘크리트

1980년대 초 미국의 Romaludi와 Baston에 의하여 이용 가능성이 제시된 강섬유보강 콘크리트는 불연속적이며 짧은 강섬유를 콘크리트 속에 분산시켜 넣음으로써 인장강도, 휨강도, 균열에 대한 저항성, 연성, 전단강도, 내충격성 등의 개선을 목적으로 하는 복합재료이다. 강섬유는 일반적으로 길이

10~60 mm, 직경 0.2~0.6 mm, 형상비(Aspect ratio ; 길이/직경)가 50~150 정도인 것이 사용되며 콘크리트 내의 혼입률은 부피비로 0.5~2 %(약 40~160 kg/m^3)이다.

2) 유리섬유보강 콘크리트

유리섬유보강 콘크리트는 1964년 러시아의 Biryukovich에 의해 처음으로 소개되면서 이 분야의 연구가 시작되었으며, 영국 건축연구소의 Majumdar에 의해 유리섬유의 가장 큰 단점인 알칼리 침해를 보완하기 위하여 지르코늄(ZrO_2)을 함유한 내알칼리성 유리섬유인 Cem-Fil이 개발되었다. 이런 유리섬유보강 콘크리트의 제조방법은 크게 스프레이법과 프리믹스법으로 대별되는데, 프리믹스법(3차원 랜덤 배열)의 경우 보강효율은 매우 낮고 스프레이법은 2차원 배열로 보강효율은 프리믹스법 보다 높지만 적층법과 같은 2차원 또는 1방향 배열에 비해 상당히 낮다. 따라서 유리섬유보강 콘크리트의 강도 증진을 위해서는 Net 등의 연속섬유를 병용하는 것이 좋다. 따라서 장섬유에 의한 1방향 강화의 보강효과를 100 %라고 하면, 2차원 랜덤 배열의 경우 약 25~40 %, 3차원 랜덤 배열의 경우는 20 % 이하가 된다.

3) 탄소섬유보강 콘크리트

탄소섬유는 아크릴계나이트를 원료로 하여 만든 팬계(Pan)와 석유의 피치를 원료로 하여 만든 피치계(Pitck)로 대별되는데, 팬계는 피치계보다 가격이 저렴하고, 역학적특성, 내알칼리성, 내수성, 내화학적 안정성, 내열성, 전기전도성 및 내마모성이 우수하다. 탄소섬유는 밀도가 1.6~2.0 g/cm^3 정도로 비교적 가볍기 때문에 경량이며 고강도 및 고내구성의 신뢰성이 높은 건설재료로 이용되고 있다. 또한 탄소섬유보강 콘크리트는 지붕, 천장, 계단, 난간, 창틀 및 발코니 등의 비구조재 및 영구 거푸집 등 여러 분야에 이용되고 있으나 아직까지 다른 섬유에 비하여 고가라는 단점이 있다.

9. 유기계 섬유보강 콘크리트

1. 서 언

콘크리트의 취성개량 및 양생과정 중 발생하는 균열을 방지할 목적으로 이용되는 섬유보강 콘크리트에 대하여 그 개요, 종류 및 무기계 섬유보강 콘크리트의 특성은 앞 단원에 기술하였고, 여기에서는 비닐론, 폴리프로필렌 섬유 등 유기계 섬유보강 콘크리트의 특성에 대하여 고찰해 본다.

2. 유기계 섬유보강 콘크리트

1) 비닐론 섬유보강 콘크리트

비닐론은 원료수지 그 자체가 독특한 방법으로 제조되기 때문에 다른 합성수지에 비해 고장력, 저신도, 고탄성이고, 내후성(내자외선), 친수성 및 내산·내알칼리성이 우수하며, 또한 섬유표면의 복잡한 주름에 의해 우수한 접착성을 나타낸다. 따라서 비닐론은 일찍부터 산업용 재료로 발전하여 왔는데, 고무, 플라스틱, 아스팔트 등의 보강 분야에 많은 적용 예를 가지고 있다. 최근 개발된 FRC용 비닐론은 월등한 고강도·고탄성계수를 가지고 있어 비교적 작은 섬유혼입에 의해서도 우수한 보강효과를 기대할 수 있는데, 특히 비중이 작기 때문에 시멘트 매트릭스 보강의 섬유혼입률에 의한 영향은 내알칼리 유리섬유 및 강섬유 등의 무기계섬유보다 크게 나타난다.

2) 폴리프로필렌(PP) 섬유보강 콘크리트

폴리프로필렌은 낮은 탄성계수에 비해 높은 인장강도를 가지므로 상당한 소성변형을 부담할 수 있다. 또한 알칼리 저항성이 크며, 재료의 가격이 싸므로 경제적이지만 단, 화재에 대한 저항성, 탄성계수, 매트릭스와의 부착성 등이 다른 섬유에 비해 낮은 것이 단점이 있다.

폴리프로필렌 섬유는 주로 충격저항성이 요구되는 비구조 부재에 사용되어 왔는데, 그 활용 예로는 여러 형태의 시멘트 시트, 공동 패널(Cavity panel), 터널 라이닝 재료, 폭발 저항성 콘크리트, 부체(Flotation unit), 강둑(River wall), 얇은 쉘 콘크리트 지붕재료 등이 있다.

3) 아라미드 섬유보강 콘크리트

아라미드섬유는 나일론과 같은 아라미드결합(-CONH-)을 갖는 합성섬유로써 그 골격이 방향족 폴리아미드섬유로 아라미드라는 명칭을 붙여 종래의 나일론과 구별하고 있다. 아라미드섬유는 Para결합 형태와 Meta결합 형태의 두 종류가 있는데, Meta계 아라미드섬유는 보통 수준의 강도와 탄성계수를 가져 시멘트 보강재로는 적당하지 않지만, Kevlar 및 Technora 등의 Para계 아라미드섬유는 고강도, 고탄성으로서 고무, 플라스틱, 무기물 등의 각종 매트릭스 보강재로 적합하다. 특히 Technora는 인장강도 및 인장 탄성계수의 경우 보강용섬유 중에서 Pan계 탄소섬유와 같이 최고 수준을 나타내며, 인장강도는 시멘트의 약 1,000배 정도로서 극히 소량의 혼입에 의해서도 높은 보강효과를 기대할 수 있다.

4) 나일론 섬유보강 콘크리트

나일론은 Amide functional group-CONH로 특성화된 폴리머계를 일컫는 일반적인 이름이다. 나일론 섬유는 나일론 폴리머로부터 잡아 늘린 것인데 폴리머는 추출과 늘림, 가열을 통해서 결정체의 섬유구조 형태로 변환된다.

나일론 섬유는 고성능 콘크리트에 적용할 수 있는 우수한 특성을 지니고 있다. 즉 보통 콘크리트인 경우는 인장성능이 저하하고, 마모되며, 충격에 쉽게 부서지지만 나일론 섬유를 사용하면 이와 같은 단점들을 보강할 수 있다. 콘크리트 매트릭스상에서의 나일론 섬유는 함유되어 있는 수분에 의해 시멘트와의 부착력이 증가되어 균열저감 효과가 뛰어나며, 표면에 헤어가 노출되지 않는다. 또한 섬유가 가지는 연성으로 인해 섬유뭉침현상이 없는 등 작업성이 좋으며, 색상에도 영향을 주지 않는 등의 장점으로 그 사용량이 증가하는 추세에 있다.

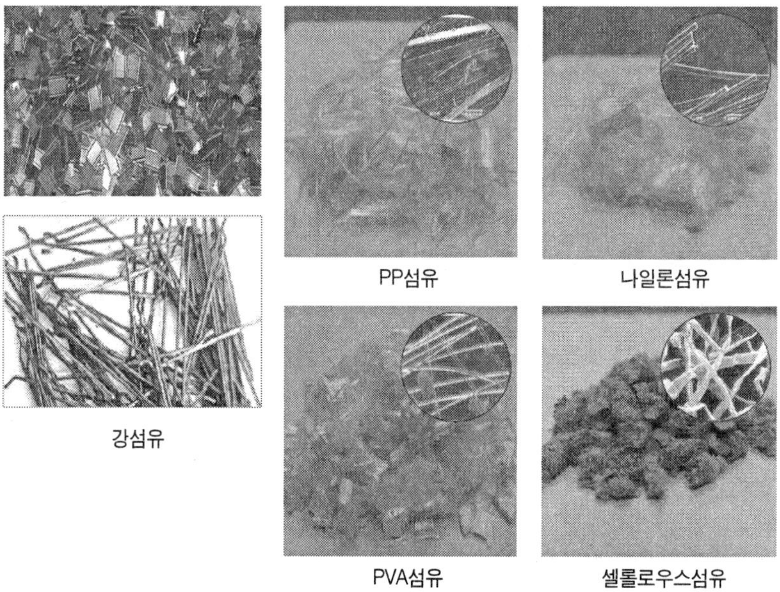

사진 1 콘크리트 보강용 각종 섬유

5) 폴리비닐알코올(PVA) 섬유보강 콘크리트

폴리비닐알코올은 일반적으로 초산비닐 모노머를 라디칼중합하고, 알칼리 검화하여 제조된다. 검화도(Degree of saponifications, DS)는 폴리비닐알코올의 특성을 결정하는 중요한 요소인데, 검화도가 높은 경우 분자간의 수소결합이 강하여 융점이 높고 물에 용해되기 어렵다.

상업적으로 유용한 폴리비닐알코올 중합도는 1,500~2,000 정도이다. 폴리비닐알코올은 라디칼 중합시 초산비닐 성장 말단의 경우 매우 활성이 강하기 때문에 고중합도 폴리비닐알코올을 얻을 수 있는 에멀션 중합법이 개발되었다. 일본에서는 이와 같은 제조방법에 의해 일반적인 중합물보다 10배 정도 높은 DP 18000의 폴리비닐알코올을 얻는데 성공하였다. 이와 같은 초중합도 폴리비닐알코올을 사용할 경우는 아라미드섬유의 일종인 Kevlar의 강도와 같은 2.9 GPa의 고강도섬유가 된다.

6) 천연섬유보강 콘크리트

천연섬유는 세계 여러 지역에서 풍부하게 생산되고, 합성섬유와 같이 섬유 제조과정에서 고도의 기술이 요구되지 않으므로 소요되는 에너지도 거의 없으며, 비용도 거의 들지 않기 때문에 천연섬유를 이용하면 품질도 좋고 낮은 비용의 건자재를 제조할 수 있다.

또한, 천연섬유보강 콘크리트는 종래 섬유보강 콘크리트와 동일한 균열구속효과 및 역학적 거동을 나타내어 취성 매트릭스 내에 섬유를 분산시킴에 의해 인장·휨강도, 인장피로 및 충격강도 등의 역학적 성질이 개선될 수 있다.

10. SIFCON의 특성 및 방폭 콘크리트의 개발

1. 서 언

앞 단원에서는 섬유보강 콘크리트의 개요와 무기계·유기계 섬유보강 콘크리트에 대하여 개괄적으로 정리해 보았다.

여기에서부터는 최근에 개발되고 있는 최신 섬유보강 콘크리트를 중심으로 소개해 보고자 하는데 먼저, 고인성 섬유보강 콘크리트 중 SIFCON(Slurry infiltrated fibered concrete)의 특성 및 방폭 기능에 대하여 고찰해 본다.

2. 슬러리충전 강섬유보강 콘크리트(SIFCON)의 개요 및 특성

콘크리트는 대표적인 취성(쉽게 부서지는 성질)재료이지만 인성(질긴 성질)을 높이기 위한 방법으로는 다음과 같은 것을 들 수 있다.

(1) 보강근 배근 ; 콘크리트 중의 인장력을 철근, 파이버-로드(섬유봉) 및 파이버-그릿드(섬유망) 등 인성이 매우 풍부한 재료를 배근하여 부담시키는 방법이다.

(2) 구속효과 ; 콘크리트를 강판, 섬유, 섬유시트 등을 이용하여 외부를 구속함으로써 압축인성을 개선한다.

(3) 단섬유보강 ; 콘크리트 중에 고강도의 단섬유를 혼입시켜 섬유가 균열에 가교(교량) 역할을 함으로써 균열의 진전을 방지하고 압축, 인장, 전단인성을 개선하는 것이다.

(4) 폴리머 혼입, 함침방법 ; 부착 및 인장강도가 높고 변형성능이 풍부한 폴리머층이 시멘트 매트릭스 중에 만들어짐으로써 모르타르 자체의 인성을

개선시킨다.

인성개량방법 중 전자의 (1), (2)방법은 구조적인 방법이며 (3), (4)의 방법은 재료상 인성을 개선하는 방법이다.

또한 (3)의 단섬유보강법의 경우, 종전의 방법으로 콘크리트를 제조할 때 강섬유를 다량으로 사용하게 되면 Fiber-ball(배합과정 중에 섬유끼리 서로 뭉쳐 밤송이처럼 되는 현상)이 발생하여 콘크리트의 유동성이나 강도가 저하한다.

따라서 SIFCON은 이와 같은 Fiber-ball 현상의 문제를 해결하고 고인성을 성취하는 방법으로서, 즉 단섬유를 먼저 형틀 안에 가능한 한 밀실하게 채운 다음 시멘트 페이스트 또는 모르타르를 유동성이 양호한 슬러리 상태로 하여 충전시켜 굳혀 주는 방법인데, 이 방법에 의하면 섬유를 10 % 전후로 고함유시킬 수 있는 고인성 콘크리트의 제조공법이다.

이와 같은 SIFCON은 그림 1과 같이 SIMCON(Slurry infiltrated mat concrete) 보다는 못하더라도 ECC(Engineered cementitious composite) 보다 양호하고 플래인(Plain) 콘크리트 보다는 월등히 우수한 휨응력-변형률 곡선의 특성을 갖는다.

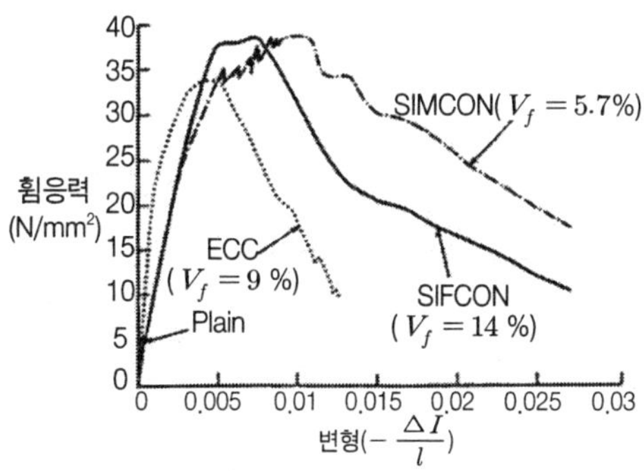

그림 1 강섬유를 고함유한 콘크리트의 휨응력-변형률 곡선

3. SIFCON의 방폭 특성

필자를 중심으로 한 연구팀에서는 외국의 사례에 추가하여 SIFCON을 방폭 콘크리트에 적용하는 것에 대하여 검토하였다.

1) 실험연구 개요

유사시 외부에 노출되는 콘크리트 구조물인 비행기 격납고, 정부주요청사 및 군사시설 등이 폭탄에 의해 포격을 받을 때에는 폭탄의 충격력으로 인해 콘크리트 파편이 내부의 장치, 시설 및 인명에 피해를 줄 수 있으므로 국가 방위에 큰 타격을 받을 수도 있다. 이러한 위험 요소를 미리 예방하는 국가 방위 차원에서 폭탄 투하시 충격력에도 구조물이 파괴되지 않고 혹은 구조물이 파괴되어도 형태를 유지하는 콘크리트, 즉 방폭 콘크리트의 개발이 요구되어 표 1과 같은 실험연구를 진행하였다.

표 1 방폭 실험계획

실험요인	수 준	
W/C(%)	2	W/C 35 %, W/C 55 %
섬유종류	1	강 섬 유
섬유혼입률(%)	5	0*, 0.5**, 1.0**, 5.9***, 7.1***
시 험 편	2	50×50×10, 50×50×20(cm)
배근 종류	2	무근(무), 배근(유)
폭약 사용량	1	125 g

주) * 보통강도 콘크리트(W/C 55 %), 고강도 콘크리트(W/C 35 %) : N,
** 강섬유보강 콘크리트 : F, *** SIFCON : S

2) 실험결과 및 분석

SIFCON의 방폭특성 실험모습은 사진 1과 같고, 그 실험결과는 사진 2와 같다. 즉 대표적으로 W/C 35 %에 대하여 소개하면 두께 10 cm보다 20 cm

에서 철근배근이 없는 경우보다 철근이 배근된 경우에서 양호한데, 특히 강섬유 0보다 강섬유량 0.5 및 1.0 %인 일반 강섬유보강 콘크리트(Steel fiber reinforced concrete : SFRC)가 유리하지만, 특히 강섬유 5.9 % 및 7.1 %인 SIFCON에서는 매우 우수한 방폭특성이 있음을 알 수 있다.

사진 1　방폭시험 실험편 설치

사진 2　W/C 35 %인 시험편의 방폭시험 후 모습

11. 초고성능 콘크리트와 관련한 용어

1. 서 언

과학자들은 현재의 수준보다 앞선 재료 및 기술 등을 개발하고자 부단히 노력하는 집단이 아닌가 싶다. 콘크리트와 관련해서도 마찬가지인데, 콘크리트 재료관련 연구자들은 일반콘크리트에 비해 앞선 성능에 "고(高 : High)"를 붙여 고유동, 고강도, 고내구 등으로 명명하고, 이보다 더 앞선 것은 "초(超 : Super 혹은 Ultra)"를 붙여 초유동 등과 같이 사용하고 있는데, "고강도"에 "초"를 붙인 초고강도에 이어 최근에는 총체적인 용어인 고성능에 "초"를 합쳐 더욱 앞선 것을 설명하려 하고 있다. "초고성능 콘크리트"라고 하는 것이 바로 그것인데, 이와 같은 최첨단급 용어를 모두 다 써버리고 나면 나중에 개발되는 콘크리트에 대한 용어를 무엇이라 할지 한 번쯤 생각해 볼 필요가 있고, 또한 용어로 굳어지기 전에 잘못된 것이라면 옳게 바로잡는 것이 필요할 것 같아 섬유보강 콘크리트의 「초고성능 콘크리트」란 용어를 우리의 실정에 맞는 것으로 재정리하여 보도록 한다.

2. 섬유보강 콘크리트 관련 약어 및 용어

최근에 보고되고 있는 섬유보강 콘크리트에 관련한 많은 약어 및 용어를 수집하여 임의로 정리하면 표 1과 같다.

용어란 학계에서 객관적으로 통용되는 명칭과 발명자가 성능, 재료, 방법을 고려하여 작명한 명칭 및 기타 고유명사 등이 존재하기도 하는데, 이와 같은 측면에서 표 1을 재차 분류하면, 그림 1과 같이 되고 기타는 발명자측면에서 붙여진 명칭이 된다.

표 1 섬유보강 콘크리트와 관련한 약어 및 용어

약 어	용 어
UHPC	Ultra-High Performance Concrete
HPFRCC	High Performance Fiber Reinforced Cementitious Composites
DFRCC	Ductile Fiber Reinforced Cementitious Composites
SIFCON	Slurry Infiltrated Fibered Concrete
SIMCON	Slurry Infiltrated Mat Concrete
ECC	Engineered Cementitious Composite
RPC	Reactive Powder Concrete
FRC	Fiber Reinforced Concrete
FRCC	Fiber Reinforced Cementitious Composites
CRC	Compact Reinforced Composites
MDF	Macro Defect Free
MSFRC	Multi Scale Fiber Reinforced Concrete
DSP	Densified with Small Particte
SHCC	Strain Hardening Cement Based Composites

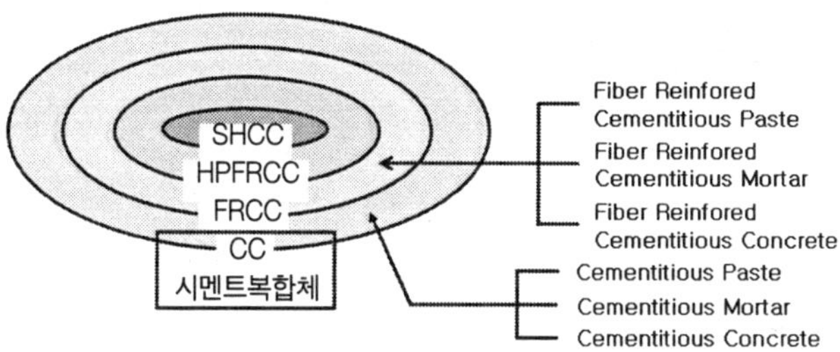

그림 1 객관적인 측면에서의 성능분류 명칭

또한, 여기서 시멘트복합체(CC : Cementitious Composites)란 용어가 일반적으로 쓰이는데, 이는 시멘트에 의해 결합된 복합물질이란 의미로 시멘트 페이스트, 모르타르 및 콘크리트를 포괄한다.

특히, 섬유보강(고인성) 시멘트복합체가 고강도 영역으로 전개되면 굵은골재를 사용하지 않는 것이 유행처럼 되고 있는바, 그 이유는 표 2와 같을 것으로 사료되는데, 이 때문에 정직하게 표현하여 시멘트복합체란 명칭을 붙이게 되었다.

표 2 고인성 · 고강도 콘크리트에 굵은골재를 사용하지 않는 이유

1. 섬유와 시멘트복합체 간에 부착강도가 향상되어 고인성을 낼 수 있다.
2. 섬유 분상성이 양호하여 균열 억제, 분산 등 균열 제어에 효과가 향상된다.
3. 굵은골재에 의한 결함이 제거되어 고강도 및 고내구성이 성취된다.

3. 초고성능 콘크리트의 용어 재고

그렇다면 서언에서도 제기한 바와 같이 현재 일부에서 사용하고 있는 초고성능 콘크리트란 용어는 적절할까?

현재까지 일부 학자들은 일반 콘크리트의 기본적인 성능인 유동성, 강도, 내구성과 관련하여 각각의 성능적인 면에서 괄목할만하게 향상된 경우일 때 고유동성, 고강도, 고내구성으로 부르고 있는데, 이는 합당한 표현이고, 이와 같은 3개의 성능을 동시에 만족시키는 고품질화된 콘크리트를 고성능 콘크리트라고 명명하는 것까지는 전혀 문제가 없는 것은 아니더라도 그런대로 인정할 수 있다. 그러나 최근에는 그림 2와 같이 초고강도를 나타내는 고성능 콘크리트에 고인성의 성능이 추가되었다고 하여 「초고성능 콘크리트(UHPC)」라고 정의하는 경우가 있는데, 이는 그림 3과 같이 전통적인 성능 이외에 기타 성능으로서, 고인성만 존재하는 것이 아니라 저수축성, 고내화성, 균열자기치유성, 환경친화성 등등 무수히 많은 성능이 추가될 수 있고 또한, 앞으로도 개발될 수 있는데 그렇다면 이런 모든 성능이 복합적으로 포함될 때에는 과연 무엇이라고 명명하여야 할 것인가?

따라서 필자의 의견으로는 현재의 초고성능 콘크리트는 「고인성 고성능 콘크리트」 혹은 성능과 재료를 복합한 「고성능 섬유보강 시멘트복합체 : HPFRCC」라고 명명해야 기타 성능과도 부합하는 용어의 조합이 가능하지

않을까 사료된다. 일례로, 「저수축 고성능 콘크리트」, 「내화성 고성능 콘크리트」 등이 가능해지고 어쩌면 이와 같은 모든 성능 혹은 초유동, 초고강도, 초고내구성 등의 모든 성능을 총체적으로 어우르는 최고의 성능으로서 초고성능 콘크리트라는 명칭을 사용해야 하지 않을까 생각된다.

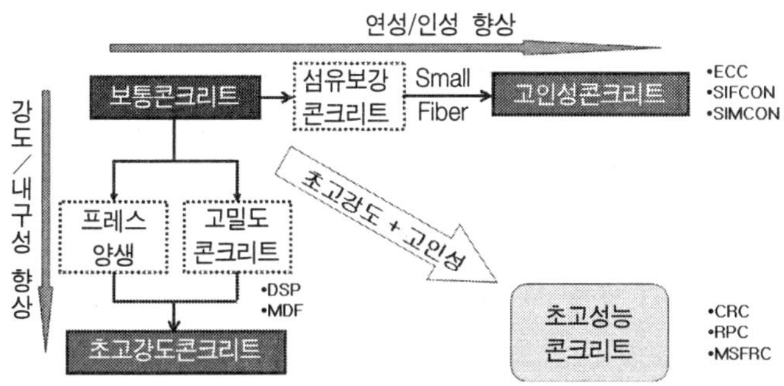

그림 2 기존에 정의되었던 초고성능 콘크리트의 개념

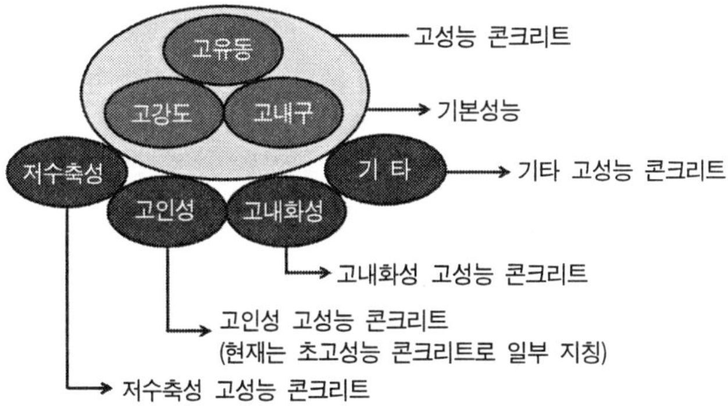

그림 3 고성능 콘크리트와 관련한 용어의 검토

12. 고인성 고성능 콘크리트의 특성

1. 서 언

고밀도 배합(MDF, DSP 등)으로 강도와 내구성을 향상시키고, 단섬유를 (단독 혹은 혼합) 다량 사용하여 고인성을 발휘하도록 한 시멘트계 복합재료를 「초고성능 콘크리트」라고도 하였지만 필자는 앞 단원에서 문제점으로 제기하고 「고인성 고성능 콘크리트」(즉 HPFRCC : 고성능 섬유보강 시멘트 복합체)로 정의하였다.

따라서 여기에서는 고인성 고성능 콘크리트의 범주인 CRC, RPC, MSFRC 중 우리나라에서 비교적 잘 알려진 RPC에 대하여 개요, 콘크리트의 배합상 특징 및 성능 등에 대하여 소개해 보고자 한다.

2. 반응성분체 콘크리트(RPC)의 개요

반응성분체 콘크리트(RPC)는 기존의 콘크리트가 갖는 강도 및 내구성을 획기적으로 증가시키고자 개발된 특별한 재료이다.

즉 1930년대에 높은 강도를 얻고자 굳지 않은 상태의 콘크리트에 압력을 가했던 연구 및 1960년대에 고온양생을 통해 높은 강도를 달성하고자 하였던 연구, 작은 입자의 사용 및 고성능 감수제, 실리카퓸의 사용을 통해 높은 강도를 낼 수 있었던 DSP와 같은 연구 등이 있었다. 또한, 내구성 측면에서는 FRC와 같이 섬유를 이용하여 높은 인장력을 발휘하는 연구도 있어 왔다. 이러한 각각 연구들의 결과를 바탕으로 반응성분체 콘크리트는 배합에서 재료를 작은 입자들로 구성하고, 실리카퓸을 이용하여 밀실한 매트릭스를 통해 고강도화를 꾀하였고, 추가로 굳지 않은 상태에서의 가압과 고온양생으로 수화반응의 활성화 및 반응성 재료들의 활발한 반응을 유도하였다. 또한, 여기에 강섬유의 보강에 의해 큰 인장강도 및 휨강도로부터 고인성 확보 및 균열 제어를 통해 고내구성까지도 갖춘 RPC가 탄생하게 되었다.

3. 반응성분체 콘크리트의 배합상 특징

반응성분체 콘크리트는 기존의 콘크리트 배합과는 매우 다른 특징을 가지고 있다. 다음과 같은 배합은 반응성분체 콘크리트로 하여금 높은 강도와 높은 내구성을 갖게 하였다.

① 굵은골재의 제거 및 구성재료들의 입자 크기 분포 최적화에 따른 치밀도 향상
② 응결 전 및 중간에 압력을 가하여 자유수의 배제 및 조직의 치밀화
③ 고온양생을 통한 배합재료의 반응성 향상
④ 미세 강섬유 첨가를 통한 인성 강화 및 내구성 강화
⑤ 배합 및 시공절차는 가능한 한 현행 실무방식과 가깝게 유지

표 1은 반응성분체 콘크리트의 실제 구성 재료의 예이다.

표에서 보는 바와 같이 반응성분체 콘크리트에는 굵은골재가 포함되어 있지 않는데, 이러한 특징으로부터 반응성분체 콘크리트는 콘크리트와 모르타르의 경계가 모호한 재료로 인식된다. 또한, 잔골재로 사용되는 석영 및 충전용으로 사용되는 석영분말은 화학식으로 SiO_2인데, 이러한 실리카는 시멘트 구성성분 중 하나의 요소와 동일한데, 수화반응시 $Ca(OH)_2$와 반응하여 포졸란반응을 유발한다. 결국, 양생과정에서 가해지는 고온의 열처리는 이러한 석영과 실리카퓸의 포졸란반응을 촉진시켜 더욱 밀실한 내부 매트릭스를 형성하게 하고 이로 인해 높은 압축강도를 얻게 한다.

반응성분체 콘크리트에 혼입되는 강섬유는 직경 0.15 mm에 길이 13 mm

이다. 이러한 강섬유가 전체 부피에 대해 1.5 %에서 3 % 정도 포함된다. 이러한 반응성분체 콘크리트에 사용되는 강섬유의 길이는 CRC에 포함되는 강섬유와 비교하여 직경은 같지만, 길이는 두 배 정도 긴 강섬유이다. 이러한 요소는 동일한 워커빌리티를 얻기 위해 CRC보다 적은 양의 강섬유를 포함하게 되고, 매트릭스와의 부착강도도 CRC보다 더 강하여 결과적으로 적은 양으로 높은 내구성을 달성할 수 있게 된다.

표 1 RPC의 배합 예

배합재료		사용량(kg/m^3)	
종 류	규 격	RPC 200	RPC 800
시멘트	ASTM Type II에 가까운 것 (약간 낮은 수화열)	710	1,000
실리카퓸	분말도 18,000 m^2/kg	230	230
석영분말	입경 0.005~0.025 mm	210	390
모래	입경 0.15~0.6 mm	1020	500
강섬유(mm)	RPC 200 • 길이 13, 직경 0.15 RPC 800 • 길이 3, 직경 0.15	160	630
고성능감수제	폴리나프탈렌 설폰산계	13	18
배합수	고성능 감수제 중의 수량도 포함	140	180

4. 반응성분체 콘크리트의 성능

이상과 같은 배합적 특성을 가진 반응성분체 콘크리트는 압축강도가 무려 200~800 MPa에 이르며 파괴에너지도 최고 40 KJ/m^2인 고강도, 고인성을 갖춘 재료이다. 반응성분체 콘크리트는 압축강도에 따라 다음의 표 2와 같이 RPC 200(압축강도 200 MPa)과 RPC 800(압축강도 800 MPa)로 구분된다.

제조과정에서 RPC 200은 섬유를 포함한 고온(90 ℃)의 양생과정을 거치며 RPC 800은 더 높은 고온(250 ℃~400 ℃)의 양생과정과 더불어 응결시 압력(50 MPa)을 가하는 것을 추가하며, 골재에 있어서 RPC 200은 석영골재를 사용하는 반면, RPC 800은 석영골재 혹은 강골재를 사용하기도 한다.

실무의 활용측면에서 RPC 200은 현장타설이 가능하지만 RPC 800은 더 높은 고온 양생과정으로 인해 공장에서 프리캐스트공법으로 제조된다. 현재 RPC를 이용한 구조물들은 일부 실용화되고 있는데, 우리나라에서도 한강 선유도 공원과 당산동을 연결하는 선유교가 RPC 200을 사용하여 2003년에 건설된 바 있다.

표 2 RPC의 구분 및 양생

구분	RPC200				RPC800	
	강섬유 미혼입		강섬유 혼입		석영 골재	강골재
가압	-	-	-	-	50 MPa	50 MPa
양생 온도	20 ℃	90 ℃	20 ℃	90 ℃	250~400 ℃	250~400 ℃

그림 1 RPC의 사용 예(선유교)

13. 고인성 고성능 콘크리트의 수축저감 및 내화특성

1. 서 언

앞 단원에서는 고인성 고성능 콘크리트 중 반응성 분체 콘크리트(RPC)에 대하여 개요, 배합상 특징 및 성능 등에 대하여 소개하였다.

여기에서는 앞 단원에 이어 본인의 연구팀에서 연구한 바 있는 RPC의 기초적 특성, 수축저감 및 내화특성 등에 대하여 소개해 본다.

2. 실험개요

제II권 III-9(고성능 콘크리트의 자기수축)에서 기술한 바와 같이 고성능 콘크리트는 보통 콘크리트와 달리 자기수축 문제가 중요시 된다. 따라서 이와 같은 자기수축 문제를 해결하기 위하여 일반적으로 알려진 RPC 배합에 CSA계 팽창재를 5% 글루콜계 수축저감제를 1% 각각 및 복합하여 혼합하는 경우로서 표 1과 같은 실험계획으로 공시체를 제작하였다. 사용재료 및 실험방법은 일반적으로 알려진 재료 및 표준적인 실험방법에 의거하여 실시

표 1 배합표(시멘트를 1로 기준한 질량비)

	시멘트	실리카퓸	잔골재	석영 분말	고성능 감수제	배합수	강섬유	팽창재	수축 저감제
F2-E0-S0	1.00	0.25	1.10	0.30	0.06	0.22	0.20	-	-
F2-E5-S0	1.00	0.25	1.10	0.30	0.06	0.22	0.20	0.05	-
F2-E0-S1	1.00	0.25	1.10	0.30	0.06	0.22	0.20	-	0.01
F2-E5-S1	1.00	0.25	1.10	0.30	0.08	0.22	0.20	0.05	0.01

※ 기호 : F(Steel Fiber), E(Expansive Admixture), S(Shrinkage Reducing Agent)

하였는데(지면관계상 생략) 단, 모든 공시체의 양생은 탈형 후 90 ℃로 증기 양생하였다.

3. 결과 및 분석

1) 기초적 특성

실험결과 고인성 고성능 콘크리트에 팽창재를 혼입하면 유동성은 저하하였고, 공기량은 변함이 없으며, 응결시간은 촉진되고, 압축·휨 등의 강도는 향상되었다.

또한, 수축저감제를 혼입하면 유동성은 향상되었고, 공기량은 감소하며, 응결시간은 지연되고, 압축·휨 등의 강도는 저하되었다. 단, 팽창재와 수축저감제를 병용하게 되면 팽창재와 수축저감제간의 중간적 경향을 나타내었다.

대표적으로 1일 및 증기양생 후인 7일 및 28일의 압축강도는 그림 1과 같은데, 전체적으로 200 MPa 전후를 나타내고 있다.

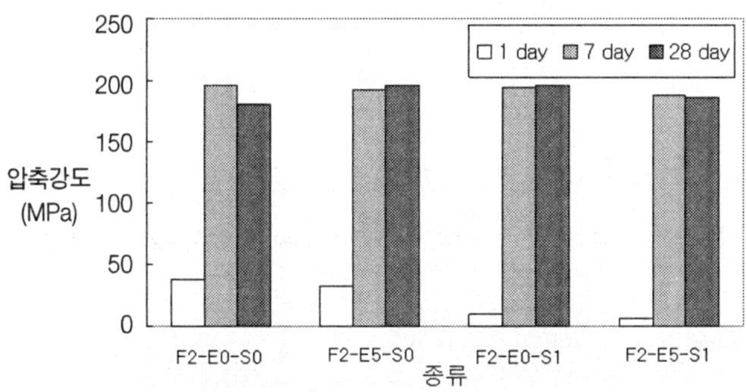

그림 1 실험조합별 압축강도

2) 자기수축 특성

그림 2는 RPC의 자기수축과 팽창재 및 수축저감제를 단독 및 복합 사용한 경우의 자기수축량을 나타낸 것이다. 초기에 수축량이 크고, 특히 증기양생기간에 자기수축량이 큰 것을 알 수 있다. 또한, 팽창재는 수축저감제보다 자기수축저감 효과가 크고, 팽창재와 수축저감제를 복합할 때에는 특히 자기수축저감 효과가 두 값을 합한 것보다 큰 것을 알 수 있다.

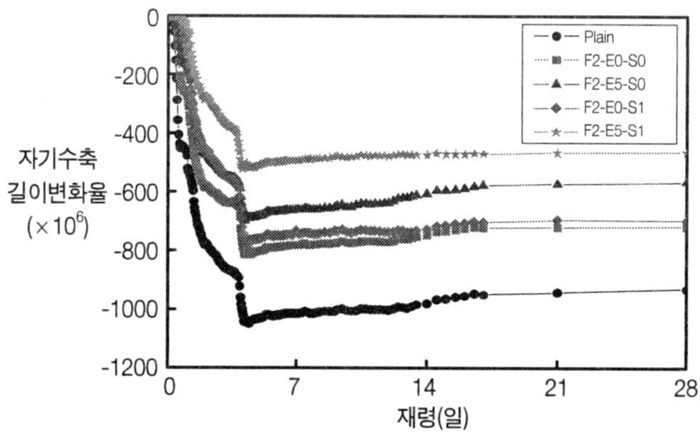

그림 2 재령경과에 따른 자기수축 길이변화

3) 내화특성

사진 1은 RPC에 대하여 30×30×60 cm 각 기둥으로 제작하여 KS F 2257-1에서 규정한 표준가열곡선에 의거하여 3시간 내화실험을 실시한 경우의 사진이다.

특히 RPC에서 강섬유를 제거한 경우는 주근 안쪽까지도 격심한 폭렬이 발생하여 화재에 매우 취약함을 알 수 있다. 또한 일반 고강도 콘크리트의 경우는 PP섬유 0.1 %의 혼입만으로도 폭렬 현상이 방지되는 것으로 알려지고 있으나, 이 경우는 그의 3배인 0.3 %의 혼입에서도 심한 폭렬이 발생하여 더 많은 PP섬유를 혼입하거나 기타 특별한 방법을 강구하는 등 별도의 조치가 요구됨을 알 수 있었다.

내화시험 전	RPC에 강섬유 제거 (Plain) 내화시험 후	RPC 내화시험 후	RPC에 PP섬유 0.3 % 혼입 내화시험 후

사진 1 RPC의 강섬유 및 PP섬유 혼입 여부에 따른 폭렬성상

14. 고강도 콘크리트의 내화성능 관리

1. 서 언

고강도 · 고성능 콘크리트는 보통 콘크리트에 비하여 조직이 치밀한 이유로 화재시에는 내부 수증기압이 외부로 배출되지 못하므로 폭렬이 발생하여 구조물 내력을 위태롭게 하는 것을 제II권 III-8(고성능 콘크리트의 폭렬방지) 및 앞 단원(고인성 · 고성능 콘크리트의 수축저감 및 내화특성)에 기술한 바 있다.

이와 같은 문제점에 대한 대책으로 우리나라 국토해양부에서는 2008년 7월 21일 국토해양부 고시 제2008-334호 「고강도 콘크리트 기둥 · 보의 내화성 관리기준」을 고시하여 시행함으로써 화재시 고강도 콘크리트의 안전성을 확보하는 제도적 조치를 취하고 있다. 따라서 여기에서는 이와 같은 내화성 관리기준에 대하여 원문의 내용을 이해하고, 그 관리 사례에 대하여도 소개해 보고자 한다.

2. 내화성 관리기준

국토해양부에서 고시한 고강도 콘크리트의 내화성능 관리기준의 전문은 표 1과 같다.

표 1 내화성능 관리기준

제1조(기준의 목적) 이 기준은 건축법시행령 제2조의 내화구조와 건축물의 피난 · 방화구조 등의 기준에 관한 규칙(이하 '규칙'이라 한다) 제3조의 규정에 의하여 설계기준강도 50 MPa 이상의 콘크리트(이하 "관리대상 콘크리트"라 한다)를 사용한 기둥 · 보의 내화성능 확인기준과 방법 등을 정함을 목적으로 한다.

제2조(대상부재) 이 기준은 관리대상 콘크리트를 사용한 기둥 및 보를 대상으로 하며 내화성능 확인을 위한 시험체는 현장과 동일한 재료, 공법, 철근배근 및 피복두께 등을 반영한 기둥형 시험체로 제작 · 시험한다.

제3조(시험체의 구성) 관리대상 콘크리트 내화성능 시험체는 콘크리트와 철근, 철골 등으로 구성되며 기둥 또는 보에 내화성능 확보를 위한 재료 및 공법을 포함한 것으로 한다. 다만 수시로 변경 가능한 최종 마감재는 제외한다.

제4조(내화성능기준) 관리대상 콘크리트 기둥 · 보의 내화성능은 KS F 2257-1(건축부재의 내화시험방법 일반요구사항)에서 제시하는 표준시간-가열온도곡선에 의하여 별표 2의 규정에 의한 시험을 실시한 결과, 시험체 모두 내화구조 성능기준(국토해양부 고시 제2005-122호)에서 규정한 시간까지 주철근의 온도가 평균 538 ℃, 최고 649 ℃ 이하이어야 한다.

제5조(시험체의 제작 및 시험의뢰) 관리대상 콘크리트를 사용한 기둥형 시험체는 다음 각 호의 규정에 따라 제작한다.

① 관리대상 콘크리트 기둥 및 보의 내화성능을 확인하기 위한 시험체는 별표 1에 따라 기둥형 시험체 2개를 제작하여 시험하여야 한다.

② 시험체의 제작 및 시험의뢰는 다음 각 호에 해당하는 자가 할 수 있으며 시험체 도면, 재료, 공법, 제작일, 양생온도, 양생기간 및 관련 사항을 별지 서식1호에 따라 작성 · 기록하여 시험의뢰시 제출하여야 한다.

1. 건설산업기본법 제9조의 규정에 따라 등록된 일반 건설업을 영위하는 자(직영공사인 경우에는 건축주를 말한다)
2. 콘크리트 또는 내화구조를 구성하는 주요재료 · 제품의 생산 및 제조자
3. 건설현장의 감리자

제6조(시험방법 및 시험성적서 등) 관리대상 콘크리트 기둥형 시험체의 내화성능을 평가하기 위한 시험방법은 수직부재용 가열로를 이용하는 경우 KS F 2257-7의 시험방법에 의하되 비재하가열시험인 경우 수평부재용 가열로를 이용하며 이 경우 구체적인 시험방법 및 시험성적서 등은 별표 2에 따른다.

(계속)

제7조(전문위원회 운영 등) ① 시험기관은 이 기준의 콘크리트 내화성능 관리를 위하여 콘크리트 · 재료 · 구조 등의 전문가로 구성된 전문위원회를 운영할 수 있다.

② 전문위원회에서는 다음 각 호의 사항을 심의 · 자문할 수 있다.

1. 관리대상 콘크리트의 표준내화 공법
2. 기타 시험기관이 필요하다고 인정하는 사항 등

제8조(내화성능 관리) 관리대상 콘크리트를 사용한 기둥 · 보에 대한 내화성능은 다음과 같이 관리한다.

① 이 기준에 따라 국가표준기본법 제23조 제2항의 규정에 의하여 인정을 받은 시험기관에서 시험하여 제4조의 내화성능기준에 적합한 경우, 내화성능이 있는 것으로 본다.

다만, 관리대상 콘크리트 중 설계기준강도 60 MPa 이하의 경우 제4조의 규정에 의한 내화성능기준에 적합하도록 구조보강을 하여 구조기술사가 이를 확인 · 서명한 경우에는 시험을 실시하지 않을 수 있다.

② KS F 2257-7 또는 ISO 834-7의 재하가열시험 방법에 의하여 국외의 시험기관에서 성능이 확인된 경우, 해당 구조의 내화성능이 있는 것으로 본다.

③ 이 기준에 의하여 관리대상 콘크리트 내화성능시험을 실시하여 내화성능이 있는 것으로 확인한 경우, 그 설계기준강도 이하의 콘크리트를 사용한 기둥 또는 보에 동일한 재료, 공법 등을 적용한 경우에는 별도의 시험을 실시하지 않을 수 있다. 다만, 기둥형 시험체의 단면적보다 작은 경우에는 적용에서 제외한다.

④ 관리대상 콘크리트의 내화시험 성적서 유효기간은 3년으로 하고, 동 콘크리트와 동일한 조건의 재료 또는 공법 등을 적용하는 관리대상 콘크리트는 내화시험을 실시하지 아니하고 유효기간 이내의 시험성적서로 갈음할 수 있다.

⑤ 감리자는 관리대상 콘크리트 부재의 내화성능 시험성적서 또는 제8조제1항 단서규정에 의한 확인서와 현장의 일치 여부 등을 확인하여야 한다.

별표 1 관리대상 콘크리트 내화성능 시험체 제작방법(안), 별표 2 관리대상 콘크리트 내화성능 시험방법(안)은 지면관계상 생략

3. 내화성능 관리 사례

내화성능 관리기준이 고시된 지 한 달 뒤인 2008년 8월 21일 D건설과 (주)R인레미콘에서는 부산해운대에 건설중인 D주상복합건물 신축공사(사진 1 참조)의 60 MPa 고강도 콘크리트에 필자의 연구실 등과 공동개발한 폴리론 파이버(폴리프로필렌+나일론섬유)를 0.05 % 혼입한 기둥부재를 한국건설기술연구원에서 내화성능 확인 실험을 실시하였다. 시험체 제작 및 내화실험 모습은 사진 2 및 3과 같고, 온도이력은 그림 1과 같은데, 고시에 규정된 한계온도보다 100 ℃ 이상 안전하게 합격되어 제1호로 내화성능을 확인 받게 됨으로써 이 공법을 실제 구조체에 적용할 수 있게 되었다.

사진 1 대상건축물

사진 2 시험체 제작

사진 3 내화실험 후

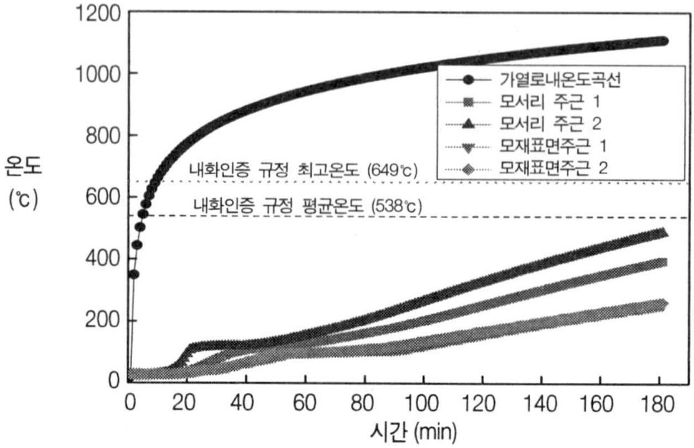

1200
1000
800
600
400
200
0
온도
(℃)
0
20
40
60
80
100
120
140
160
180
시간 (min)
가열로내온도곡선
모서리 주근 1
모서리 주근 2
모재표면주근 1
모재표면주근 2
내화인증 규정 최고온도 (649℃)
내화인증 규정 평균온도 (538℃)

그림 1 온도이력

IV 레미콘 품질관리

1. SI단위의 이해
2. SI단위의 사용규칙
3. 표준편차(Standard deviation)
4. 정규분포(Normal distribution)
5. 주택성능등급제와 관련한 콘크리트의 성능등급
6. 주택성능등급제에 따른 콘크리트산업의 대응방안
7. 우량(優良)레미콘 제도
8. 선무당이 레미콘 잡는다(Ⅰ)
9. 선무당이 레미콘 잡는다(Ⅱ)
10. 선무당이 레미콘 잡는다(Ⅲ)
11. 품질 불감증 문제

1. SI단위의 이해

1. 서 언

레미콘 품질관리 과정에서 압축강도의 단위는 240 kgf/cm^{2}와 같이 종전부터 kgf/cm^{2}를 사용하여 왔으나, 최근에는 24 MPa 등 SI단위로 변경하여 사용되고 있다.

여기에서는 이와 같은 SI단위{SI : International System of Units(Système International d'Unités)의 약칭}의 사용 배경 및 환산법에 대하여 기술하고 차기 단원에서는 사용규칙에 대하여 기술한다.

2. 단위사용 배경

국제표준이 마련되기 이전까지 각국에서는 각국 나름대로 고유의 단위를 사용해 왔다. 우리나라의 경우 길이는 "자", 넓이는 "평", 무게는 "근" 등이 그것이고, 유럽에서는 "인치", "아르", "파운드" 등이 그것이다.

그러나 근래에는 국제적 교역과 산업체들 사이의 협력이 활발하게 이루어지는 상황에서 각국마다 서로 다른 단위를 사용한다면 혼란과 불편한 정도는 이루 말할 수 없을 것이며, 상공업적인 손실도 매우 크게 발생할 것이다.

따라서 국제적으로 확립된 길이, 부피, 무게 등에 대한 단위체계(1857년 미터 협약체결)로 우리나라는 1961년부터 국제단위계(미터법)를 법정 계량단위로 채택하였는데, 우리나라의 국제단위 정착 노력은 표 1과 같고, 계량법 제4조에 계량의 기준이 되는 단위 및 기본단위는 표 2 및 3과 같으며, 또한 SI접두어는 표 4와 같다.

표 1 한국의 국제단위계 정착 노력

- 1959년 : 미터협약에 가입
- 1961년 : 계량법 제정(법정단위 규정)
- 1964년 : 미터법 전면 시행("평"은 제외)
- 1983년 : 건물 및 토지의 계량에 "평" 단위 사용 금지
- 2002년 : KS A ISO 1000에 국제단위계(SI) 및 그 사용법 제정
- 2006~2010년 : 제2차 국가표준기본계획에 따라 범정부 차원에서 법정계량단위 정착을 위해 노력 중

표 2 계량의 기준이 되는 단위

구분	내용	비고
기본단위	기본이 되는 7개의 단위	m, kg, s, A, K, mol, cd
유도단위	기본단위의 조합으로 이루어진 단위	m/s(속도), kg/m^3(밀도), mol/m^3(농도) N/m^2(응력) 등
보조단위	기본단위 및 유도단위를 십진배수나 분수로 표시한 단위	μ(마이크로), M(메가) 등
특수단위	특수용도에 사용이 허용된 단위	해리(1,853 m), 헥타르(100 m^2) 등

표 3 기본 단위

양	단위의 명칭	단위 기호
1. 길 이	미터(meter)	m
2. 질 량	킬로그램(kilogram)	kg
3. 시 간	초(second)	s
4. 전 류	암페어(ampere)	A
5. 열역학적 온도	켈빈(kelvin)	K
6. 물 질 량	몰(mole)	mol
7. 광 도	칸델라(candela)	cd

표 4 SI 접두어

단위에 곱해지는 배수	접두어의 명칭	접두어의 기호	단위에 곱해지는 배수	접두어의 명칭	접두어의 기호
10^{24}	요타(yotta)	Y	10^{-24}	욕토(yocto)	y
10^{21}	제타(zetta)	Z	10^{-21}	젭토(zepto)	z
10^{18}	엑사(exa)	E	10^{-18}	아토(atto)	a
10^{15}	페타(peta)	P	10^{-15}	펨토(femto)	f
10^{12}	테라(tera)	T	10^{-12}	피코(pico)	p
10^{9}	기가(giga)	G	10^{-9}	나노(nano)	n
10^{6}	메가(mega)	M	10^{-6}	마이크로(micro)	μ
10^{3}	킬로(kilo)	k	10^{-3}	밀리(milli)	m
10^{2}	헥토(hecto)	h	10^{-2}	센티(centi)	c
10^{1}	데카(deca)	da	10^{-1}	데시(deci)	d

3. 단위의 환산법

콘크리트 압축강도의 단위, 파스칼(Pascal : Pa)은 단위면적당 작용하는 힘(force)에서 출발한 응력의 단위로서 다음과 같이 유도 및 환산된다.

- 힘의 단위로 1 N(Newton : 뉴턴)이란 1 kg인 물체에 1 m/s^2의 가속도를 발생시키는 힘

$$1\ N = 1\ kg \cdot m/s^2$$

따라서 국내에서 사용되는 무게 또는 힘의 단위로 kg은 실제로는 질량단위이므로 보다 정확하게는 kgf이었다. 즉 1 kgf의 힘이란 질량 1 kg인 물체에 중력가속도 9.8 m/s^2의 가속도를 발생시키는 힘으로서

$$1\ kgf = 9.8\ kg \cdot m/S^2 = 9.8\ N$$

- 강도는 단위면적당 작용하는 힘, 즉 응력의 단위로서 Pa(Pascal)을 사용하는데, 1 Pa란 1 m^2당 1 N의 크기에 해당한다.

$$1\ \text{Pa} = 1\ \text{N/m}^2$$

따라서 종전의 단위로서 1 kgf/cm^{2}는 Pa로 환산하면 다음과 같이 된다.

$$\begin{aligned} 1\ \text{kgf/cm}^2 &= 9.8\text{N/cm}^2 \\ &= 9.8\text{N} \cdot 1002/\text{m}^2 \\ &= 98\ 000\ \text{N/m}^2 \\ &= 98\ 000\ \text{Pa} \\ &= 98\ \text{kPa} \\ &= 0.098\ \text{MPa} \\ \therefore\ 1\ \text{MPa} &= 1/0.098\ \text{kgf/cm}^2 \\ &= 10.2\ \text{kgf/cm}^2 \end{aligned}$$

- 결국 종전의 단위로 240 kgf/cm^{2}는 $240 \times 0.098 = 23.52$ MPa이 되지만 최근의 모든 규격은 10 kgf/cm^{2}를 1 MPa로 약산하여 24 MPa로 상향변환시켜 활용하고 있다.

2. SI단위의 사용규칙

1. 서 언

하나의 제도라든가 단위가 정착하기 위해서는 많은 노력이 필요하게 된다. 최근 SI단위를 사용해야 하기 때문에 많은 노력을 하지만 확실하고 정확한 표현이 아닌 것은 어느 정도 혼란을 초래할 수도 있는데, 우리의 현실이 이와 같은 위치에 있지는 않을지 우려된다.

따라서 본 단원에서는 전 단원(SI단위의 이해)에 이어 SI단위의 사용규칙 및 강조사항에 대하여 기술해 본다.

2. SI단위의 사용규칙

SI단위는 프랑스 세브르에 있는 "국제도량형 총회(CGPM)"의 국제적 합의를 거쳐 통용되고 있는데, SI단위의 주요 사용규칙은 다음 표 1과 같고, KS A ISO 1000의 부속서 A(규정)의 제3부 역학 중 레미콘 관련 사항만을 발췌하면 표 2와 같다.

3. 강조사항

학회에 논문을 투고하거나 기타 실무에서 SI단위를 사용함에 있어 표 1의 내용 중 좀 더 주의를 기울여야 하는 사항에 대하여 몇 가지를 강조하면 다음과 같다.

표 1 SI단위의 사용규칙

(1) 단위는 식 또는 수치 계산에서 사용될 때 기호 (일례 : kg ; 이하 동일)로 나타낸다. 본문 내에서는 수치값 없이 사용될 때에는 문자(kilogram)로 나타내며 수치값과 함께 사용될 때에는 문자 또는 기호로 나타낸다.

(2) 단위와 접두사는 모두 로만체(N)로 나타내며 이탤릭체(*N*)를 사용하지 않는다.

(3) 시간 단위인 초(s)와의 혼동을 피하기 위해 기본 단위의 끝에 복수를 나타내는 "-s"는 사용하지 않는다(10 kg). 다만, 단위가 문자로 표시될 때에는 복수의 경우 (s)를 사용한다(10 kilograms).

(4) 몇 개의 단위들이 복합적으로 사용될 때 곱하기는 (·)을 사용하여 나타내며 (N · m) 나누기는 (/) 또는 음의 지수를 사용하여 나타낸다(N/m 또는 $N \cdot m^{-1}$). 나누기가 사용된 단위가 문자로 표시될 때(/) 대신에 "per"를 사용한다(newton per meter).

(5) 수치값과 단위 사이에는 하나의 빈 칸을 둔다(10 N). 다만, 각도와 온도의 경우는 예외로 한다(15° 또는 20 ℃).

(6) 여러 개의 자리수로 된 숫자를 나타낼 때에는 소수점의 앞 뒤로 세자리마다 콤마(,)를 사용하지 않고 대신에 한 칸을 띄운다(32 512.245 79). 네자리수인 경우에는 한 칸을 띄우지 않아도 된다. 또한 가능하면 분수 ($2\frac{1}{4}$) 대신에 소수점 (2.25)을 사용하여 나타낸다.

(7) 접두사가 붙은 단위는 분모로 사용하지 않는다. 예로 N/mm 대신에 kN/m를 사용한다. kg은 기본 단위이므로 mJ/g 대신에 J/kg을 사용한다.

(8) 계산과정에서 모든 접두사를 갖는 단위는 10의 지수 형태로 바꾸어 기본 단위로 나타낸다. 한편 계산 결과치는 0.1과 1000 사이의 값이 되도록 적절한 접두사를 사용하여 나타낸다. 예를 들면

$$(250\ \mathrm{kN}) \cdot (500\ \mathrm{mm}) = [250(10^3)\ \mathrm{N}] \cdot [500(10^{-3})\ \mathrm{m}]$$
$$= 125(10^3)\ \mathrm{N \cdot m} = 125\ \mathrm{kN \cdot m}$$

(9) 접두사를 갖는 단위를 지수의 형태로 나타낼 때 접두사에는 지수를 사용하지 않는다(kN^2).

(10) 접두사는 중복하여 사용하지 않는다. 즉 1 Gmm는 $1(10^6)(10^{-3})$ m이므로 1 km로 나타낸다.

표 2 역학(레미콘 관련)

항. 번호	양	SI단위	SI단위의 10의 정수제곱의 선택	그 사용이 CGPM에서 인정되고 있는 SI 이외의 단위 및 SI단위의 조합의 특례	
				단위	5란에 나타내는 단위의 10의 정수제곱
1	2	3	4	5	6
3-1	질량	kg	Mg g mg μg	t (톤) $1\,t = 10^3\,kg$	
3-2	밀도 체적질량 질량밀도	kg/m^3	Mg/m^3 또는 kg/dm^3 또는 g/cm^3	t/m^3 또는 kg/L	g/mL g/L
3-9.1	힘	N	MN kN mN μN		
3-12.1	힘의 모멘트	N·m	MN·m kN·m mN·m μN·m		
3-15.1	압력	Pa	GPa MPa kPa hPa mPa μPa		

1) 수치값과 단위간에 띄움

사용규칙 (5)에서 설명한 바와 같이 많은 레미콘 실무에서 띄워 쓰기를 준수하지 않고 있음에 주의를 요한다.

〈일례〉

구분	잘못 사용	올바른 사용
• 슬럼프 • 공기량 • 압축강도	180 mm 4.5 % 24 MPa	180 mm 4.5 % 24 MPa

2) 1000 단위 「,」 대신 띄움

사용규칙 (6)에서 설명한 바와 같이 1 000단위 이상에는 1 000단위마다 콤마(,)를 사용하는 것이 일반적이었다. 그러나 이제는 「,」가 아니라 한 칸을 띄워야 한다.

〈일례〉

구 분	잘못 사용	올바른 사용
• 레미콘 가격 • 단위용적 질량	1,256,500원 2,350 kg/m³	1 256 500원 2 350 kg/m³

3) 접두사의 적정 사용

사용규칙 (7), (8), (9)에서 설명한 바와 같이 접두사를 적정하게 사용해야 하는데, (8), (9)는 쉽게 이해되겠지만 (7)의 경우는 많은 오류를 범하게 된다. 즉 분모는 접두사가 붙은 단위를 사용하지 않도록 되어 있는데 그렇지 못한 사례가 많음에 유의해야 할 필요가 있다.

〈일례〉

구 분	잘못 사용	올바른 사용
• 분말도 • 밀도 • 압축강도	3,500 cm^2/g 3.15 g/cm^3 24 N/mm^2	350 m^2/kg 3 150 kg/m^3 24 000 000 N/m^2 → 24 MN/m^2 (∴24 MPa)

* 그러나 이 경우는 너무나 널리 사용하고 있고, KS 규격 자체에서도 폭넓게 인정하고 있으니 바꿔 쓴다는 것이 오히려 혼란스러울 수도 있지만 국제적인 차원에서 통일하여 사용하는 것을 심사숙고할 필요가 있다.

3. 표준편차(Standard deviation)

1. 서 언

레미콘 품질관리 업무 중에서는 통계적 수법에 의한 해석 및 처리가 요구되는 경우가 많이 발생한다.

따라서 여기로부터 다음 단원은 통계적 수법에 관한 기초적인 내용을 기술하도록 하는데, 금번은 표준편차를 중심으로 측정치의 수량적 특성에 대하여 기술한다.

2. 중심적 경향

여러 측정 데이터가 있는 경우에 중심점의 위치를 구할 때에는 표 1과 같이 산술평균, 중앙값, 모드의 3가지 방법이 있지만 일반적으로는 산술평균을 가장 많이 이용한다.

3. 흩어짐 또는 분산

데이터가 중심으로부터 많이 흩어진 경우와 밀착된 경우를 정량적으로 구할 때에는 표 2와 같은 과정을 거쳐 표현하게 되는데, 주로 분산, 표준편차, 변동계수 등이 대표적이다.

표 1 중심적 경향

구분	내용
산술평균 ($\bar{x}$)	전체 데이터를 모두 더한 다음 측정수로 나눈 값으로, 평균치는 원데이터보다 한 자리 아래까지 구함 $\bar{x} = \dfrac{x_1 + x_2 + \cdots + x_n}{n} = \dfrac{1}{n}\sum_{i=1}^{n} x_i$
중앙값 (Median : $\tilde{x}$)	데이터를 크기의 순으로 배열하여 중앙에 위치한 값이라는 뜻으로 중앙치라고도 함. 짝수 데이터인 경우는 중앙치 2개의 평균치로 함
모드 (Mode)	도수표에 있어서 도수가 최대인 곳의 대표치를 말함

표 2 흩어짐 또는 분산

구분	내용
편차제곱합 (S)	각 특성치와 평균치의 차를 제곱하여 합한 것을 말한다. $S = (x_1 - \bar{x})^2 + (x_2 - \bar{x})^2 + \cdots (x_n - \bar{x})^2$ $= \sum_{i=1}^{n} (x_i - \bar{x})^2 = \sum x_i^2 - \dfrac{(\sum \overline{x_i})^2}{n}$
분산 (s^2)	평균 편차제곱합으로서 편차제곱의 합을 데이터의 수로 나누어 데이터 1개당 산포 크기로 표시한 것이다. $s^2 = \dfrac{S}{n} = \dfrac{\sum x_i^2}{n} - (\dfrac{\sum x_i}{n})^2 = \dfrac{\sum x_i^2}{n} - (\bar{x})^2$
표준편차 (s)	분산의 제곱근으로 데이터 1개당의 산포를 평균치와 같은 단위로 나타낸 것이다. $s = \sqrt{\dfrac{S}{n}} = \sqrt{\dfrac{\sum x_i^2}{n} - (\dfrac{\sum x_i}{n})^2}$ $= \sqrt{\dfrac{\sum x_i^2}{n} - (\bar{x})^2}$
불편분산 (V)	불편분산은 편차제곱합 S를 $n-1$로 나눈 것을 말한다. 여기서 $n-1$을 S의 자유도(Degrees of freedom)라 부르고 Φ라는 기호로 표시한다. $V = \dfrac{S}{n-1} = \dfrac{S}{\Phi} = \sum_{n=1}^{n} (x_i - \bar{x})^2/(n-1)$ * $\Phi = n-1 =$자유도

(계속)

구분	내용
불편분산의 제곱근 ($\sqrt{V}$ 혹은 σ_e)	분산을 불편분산으로 표시했을 때의 표준편차에 해당한다. $\sqrt{V}=\sqrt{\frac{S}{n-1}}=\sqrt{\frac{S}{\Phi}}=\sqrt{\frac{\sum_{i=1}^{n}(x_i-\bar{x})^2}{n-1}}$
변동계수 (CV)	표준편차를 평균치로 나눈 양으로 보통 백분율로 표시한다. $(CV)^2$을 상대분산이라 한다. $CV=\frac{s}{\bar{x}}$ 또는 $\frac{s}{\bar{x}}\times 100(\%)$
범위 (R : Range)	데이터 중에서 최대치와 최소치의 차이를 범위라고 한다. $R=x_{\max}-x_{\min}$

4. 표준편차의 의미

이상의 설명에서 알 수 있는 바와 같이 콘크리트의 압축강도 등 데이터로부터 표준편차를 구할 수 있는데 그 과정은 표 1, 2와 같다.

표준편차란 모든 측정치들이 전체적으로 평균에서 얼마만큼 떨어져 있는가를 나타내는 산포도의 값으로, 평균으로부터 떨어진 거리의 평균치를 말한다. 즉 산포되어 있는 많은 데이터를 중심으로부터 떨어진 거리를 그대로 합계를 내게 되면 +, −가 상쇄되어 0이 된다. 따라서 0이 되지 않고 크기 차이를 구별하기 위해서는 제곱을 해서 더하면 되는데, 이를 편차제곱합이라 한다.

따라서 평균으로부터 떨어진 거리를 평균으로 구하기 위해서는 편차제곱합을 측정수로 나누고 또한 제곱을 없애기 위해 $\sqrt{\ }$로 처리하게 되면 그것이 표준편차가 되는 것이다.

결국 표준편차가 작다는 것은 데이터들이 평균 근처에 밀집되어 있다는 것을 말하며, 이 값이 크다는 것은 평균에서 멀리 떨어져 있다는 것을 말한다. 극단적인 예로 표준편차가 0이라고 하면 모든 데이터들이 하나의 값으로 일치한다는 것을 의미한다. 표준편차의 단위는 일반적으로 측정데이터의 단위와 동일하다. 즉 압축강도의 표준편차라면 MPa의 단위가 된다.

이와 같은 표준편차를 알기 쉽게 하기 위하여 예제문제로 구해보면 다음과 같다.

[문제] 배합설계과정에서 10회 압축강도 시험한 결과는 다음과 같다고 할 때 이 데이터를 이용하여 표준편차를 구해본다.

데이터 : 41.7, 48.0, 44.7, 42.8, 39.7, 40.0, 38.9, 42.2, 42.7, 41.9 (MPa)

해설 : ① 평균치 $\overline{x}=\frac{1}{n}\sum_{i=1}^{n}x_i=\frac{422.6}{10}=42.26$ MPa

② 편차제곱합 S=(41.7−42.26)2+(48.0−42.26)2+(44.7−42.26)2+(42.8−42.26)2+(39.7−42.26)2+(40.0−42.26)2+(38.9−42.26)2+(42.2−42.26)2+(42.7−42.26)2+(41.9−42.26)2=62.78

③ 표준편차 $s=\sqrt{\frac{S}{n}}=\sqrt{\frac{62.78}{10}}=2.5$ MPa

4. 정규분포(Normal distribution)

1. 서 언

앞 단원에서는 레미콘의 통계적 품질관리 중에서 중심적 경향, 표준편차 등과 관련한 사항에 대하여 고찰해 보았다.

여기에서는 앞 단원에 이어 도수분포(度數分布)의 종류와 특성에 대하여 고찰하고, 특히 활용도가 제일 많은 정규분포에 대하여 집중적으로 고찰해 보도록 한다.

2. 도수분포의 종류

학문적으로 도수분포의 종류에는 다음 표 1과 같은 것이 있다. 각 도수분포별 개요는 표 중에 설명되어 있는 내용을 참고한다.

표 1 도수분포의 종류

구분	개 요
정규분포 (Normal distribution)	도수분포 곡선이 평균값을 중앙으로 하여 좌우대칭인 종모양을 이루는 계량치의 분포
이항분포 (Binomial distribution)	통계학에서 정규분포와 마찬가지로 모집단이 가지는 이상적인 분포형으로 정규분포가 연속변량(連續變量)인 계수치의 분포
푸아송 분포 (Poisson distribution)	확률론과 통계학에서 어떤 특정시간대에 걸쳐 알려진 어떤 사건의 발생률의 분포를 표현하기 위한 이산형 확률분포로서 계수치의 분포

3. 정규분포(正規分布)의 특성

정규분포는 주사위를 여러 번 던졌을 때 나타날 수 있는 확률과 같이 우연이 지배하는 현상으로부터 만들어지는 도수분포곡선이다. 이 곡선은 평균치를 중심으로 좌우대칭인 교회의 종과 같은 모양의 분포를 하고 있다. 이것은 가우스(Gauss)의 오차분포라고도 하는데, 계량치는 원칙적으로 이 분포에 따른다. 정규분포에 대한 식은 여러 가지로 표시되고 있으나 그 중의 하나는 다음과 같다.

$$f(x) = \frac{1}{\sigma\sqrt{2\pi}}\ e^{-\frac{(x-\mu)^2}{2\sigma^2}}$$

여기서 σ는 표준편차, μ는 평균치이고, $f(x)$는 x(변량)에 대한 곡선의 종좌표이다. 이 곡선은 전 기술강좌의 표준편차와 매우 중요한 관계가 있다.

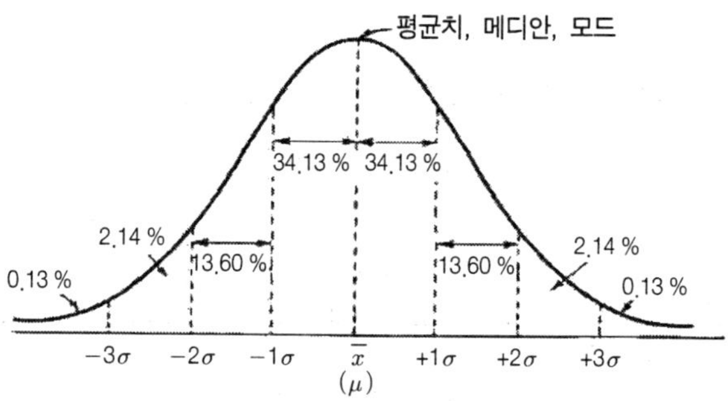

그림 1 정규분포

즉 그림 1과 같은 정규분포에 있어서 표준편차(σ)의 범위로 $\pm 1\sigma$에 속하는 면적은 68.26 %, $\pm 2\sigma$는 95.45 %, $\pm 3\sigma$는 99.73 %가 된다. 일반적으로 얼마 이상 혹은 거의 전부라고 하게 되면 통상적으로 3σ를 보게 된다. 특히 최근의 일부 대기업에서 6σ운동도 실시하고 있는데, 이 경우는 3.4×10^{-4} % 으로 100만분의 3.4개(한쪽 불량인 경우는 100만분의 1.7개) 정도인 불량률의 품질관리를 의미한다.

정규분포에 대하여 평균과 표준편차를 계산하면 이 분포에 관한 다음의 세 가지 특성을 알게 된다.

① 제품의 품질특성(계량치)의 분포는 대부분 정규분포를 한다.

② 제품의 분포가 정규분포로부터 상당히 벗어나 있어도 통계량의 분포는 거의 정규분포곡선에 따르는 경향이 있다.

③ 모든 실용상의 목적에 대하여 그 분포로부터 기대되는 전 변량은 그것의 $\pm 3\sigma$ 크기로 표시된다.

또한, 어떤 제품의 품질특성 분포가 정규분포를 이루고 있을 때 주어진 구간 안에 포함될 특성치의 %를 구할 때에는 일반적으로 통계학 책 부록의 표에 있는 표 2(정규분포표)를 이용하면 구할 수 있다.

4. 정규분포의 활용

레미콘 품질관리에서 정규분포는 폭넓게 활용되고 있다.

즉 일상의 레미콘 품질관리 업무에서 슬럼프, 공기량, 염화물량, 압축강도 등 여러 데이터를 $\overline{x}-R$관리도(평균치와 범위의 관리도로서 추후에 설명)도 작도하고 이를 일정한 주기(일례로 1개월 혹은 분기 등)마다 통합하여 히스토그램(Histogram)의 작도 및 표준편차를 구하여 정규분포와 연관지어 품질의 적정성을 평가할 때, 또한 레미콘의 배합설계 등에도 쓰인다.

KS F 4009인 레미콘의 배합설계와 연관하여서는 제 I 권 II-3(설계기준강도 · 호칭강도 · 배합강도)을 참조하고 콘크리트 표준시방서의 경우는 다음과 같은데,

$$f_{cr} = f_{ck} + 1.34\,s\,(\text{MPa}) \quad \cdots\cdots(1)$$

$$f_{cr} = (f_{ck} - 3.5) + 2.33\,s\,(\text{MPa}) \quad \cdots\cdots(2)$$

(1)식은 「3회 연속한 시험값의 평균이 설계기준강도 f_{ck} 이하로 내려갈

확률을 1/100」로 하여 정한 것으로 (1)식에서 1.34 s는 「3회 연속 시험값의 평균」에서 평균치의 표준편차 $s/\sqrt{n}$는 $s/\sqrt{3}$이고 「f_{ck} 이하로 내려갈 확률 1/100」은 표 2에서 중앙 하단에 1/100인 0.01에 해당하는 값을 좌측과 상부를 연결하여 찾으면 2.33이 되는데 결국 $2.33 \times \dfrac{s}{\sqrt{3}}$에서 1.34 s가 된 것이다. 또한 (2)식은 「각 시험 값이 설계기준강도 f_{ck}보다 3.5 MPa 이하로 내려갈 확률을 1/100」로 정한 것으로 (2)식에서 −3.5의 의미는 ACI의 500 Psi에서 유래된 것이고, 2.33 s는 역시 정규분포표인 표 2에서 1/100인 0.01에 해당하는 값 2.33에서 유래된 것임을 쉽게 이해할 수 있을 것이다.

표 2 통계학에 지시된 정규분포표

u로부터 P_r를 구하는 표

$$u \rightarrow P_r = \frac{1}{2\pi}\int_u^{\infty} e^{-X^2/2dx}$$

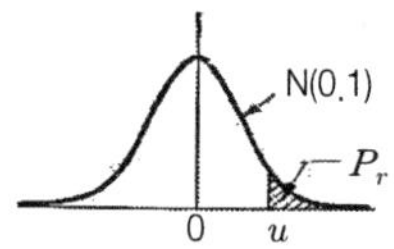

u	*=0	1	2	3	4	5	6	7	8	9
0.0*	.5000	.4960	.4920	.4880	.4840	.4801	.4761	.4721	.4681	.4641
0.1*	.4602	.4562	.4522	.4483	.4443	.4404	.4364	.4325	.4286	.4247
0.2*	.4207	.4168	.4129	.4090	.4052	.4013	.3974	.3936	.3897	.3859
0.3*	.3821	.3783	.3745	.3707	.3669	.3632	.3594	.3557	.3520	.3483
0.4*	.3446	.3409	.3372	.3336	.3300	.3264	.3228	.3192	.3156	.3121
0.5*	.3085	.3050	.3015	.2981	.2946	.2912	.2877	.2843	.2810	.2776
0.6*	.2743	.2709	.2676	.2643	.2611	.2578	.2546	.2514	.2483	.2451
0.7*	.2420	.2389	.2358	.2327	.2296	.2266	.2236	.2206	.2177	.2148
0.8*	.2119	.2090	.2061	.2033	.2005	.1977	.1949	.1922	.1894	.1867
0.9*	.1841	.1814	.1788	.1762	.1736	.1711	.1685	.1660	.1635	.1611
1.0*	.1587	.1562	.1539	.1515	.1492	.1469	.1446	.1423	.1401	.1379
1.1*	.1357	.1335	.1314	.1292	.1271	.1251	.1230	.1210	.1190	.1170
1.2*	.1151	.1131	.1112	.1093	.1075	.1056	.1038	.1020	.1003	.0985
1.3*	.0968	.0951	.0934	.0918	.0901	.0885	.0869	.0853	.0838	.0823
1.4*	.0808	.0793	.0778	.0764	.0749	.0735	.0721	.0708	.0694	.0681
1.5*	.0668	.0655	.0643	.0630	.0618	.0606	.0594	.0582	.0571	.0559
1.6*	.0548	.0537	.0526	.0516	.0505	.0495	.0485	.0475	.0465	.0455
1.7*	.0446	.0436	.0427	.0418	.0409	.0401	.0392	.0384	.0375	.0367
1.8*	.0359	.0351	.0344	.0336	.0329	.0322	.0314	.0307	.0301	.0294
1.9*	.0287	.0281	.0274	.0268	.0262	.0256	.0250	.0244	.0239	.0233
2.0*	.0228	.0222	.0217	.0212	.0207	.0202	.0197	.0192	.0188	.0183
2.1*	.0179	.0174	.0170	.0166	.0162	.0158	.0154	.0150	.0146	.0143
2.2*	.0139	.0136	.0132	.0129	.0125	.0122	.0119	.0116	.0113	.0110
2.3*	.0107	.0104	.0102	.0099	.0096	.0094	.0091	.0089	.0087	.0084
2.4*	.0082	.0080	.0078	.0075	.0073	.0071	.0069	.0068	.0066	.0064
2.5*	.0062	.0060	.0059	.0057	.0055	.0054	.0052	.0051	.0049	.0048
2.6*	.0047	.0045	.0044	.0043	.0041	.0040	.0039	.0038	.0037	.0036
2.7*	.0035	.0034	.0033	.0032	.0031	.0030	.0029	.0028	.0027	.0026
2.8*	.0026	.0025	.0024	.0023	.0023	.0022	.0021	.0021	.0020	.0019
2.9*	.0019	.0018	.0018	.0017	.0016	.0016	.0015	.0015	.0014	.0014
3.0*	.0013	.0013	.0013	.0012	.0012	.0011	.0011	.0011	.0010	.0010

5. 주택성능등급제와 관련한 콘크리트의 성능등급

1. 서 언

우리나라 국토해양부에서는 2006년 1월 9일부터 「주택성능등급 표시제도」를 시행한다고 발표하고 있다. 이와 같은 제도는 성능을 비교해 보고 자동차나 컴퓨터를 구입하는 것처럼 주택소비자에게 입주하고자 하는 주택의 품질과 성능에 대한 객관적인 정보를 파악한 후 선택할 수 있도록 하고, 주택사업자에게는 포상 등을 통해 우수한 자재를 자발적으로 사용하게 하여 신기술개발 및 양질의 주택생산을 유도하려는 목적으로 출발하게 되었다.

따라서 이번 단원 및 다음 단원에서는 이와 같은 제도변화에 따른 콘크리트의 등급평가에 대한 규정을 정리하고, 아울러 레미콘 생산업체의 대응방안에 대하여도 고찰해 보도록 한다.

2. 도입배경

노무현 대통령의 참여정부에서는 부동산 문제에 대하여 여타 정부보다 심혈을 기울여 노력하였다. 본 제도도 이와 같은 사항과 맥을 같이 하여 2004년 10월 22일 주택법 개정안이 국회에서 발의되면서 시작하여 2005년 1월 법률 제7334호로 「주택법」 개정법률이 공포되었는데, 하위법령을 마련할 수 있도록 공포 후 1년이 경과한 날로부터 시행하도록 되었음에 따라 2006년 1월 9일 「주택성능등급 인정 및 관리기준」의 고시가 됨으로부터 시행되게 된 것이다.

물론, 이와 같은 제도는 정부의 부동산 분양·임대관련 소비자 피해 방지

대책 중 (①주택 및 상가분양 정보제공, ②주택성능등급 표시제도, ③분양관련 허위 · 과장광고차단, ④분양가 담합조사, ⑤분양 · 임대계약시 불공정거래 방지)의 일환으로 수립된 것인데, 정책수립시 참고가 된 제도는 일본의 2002년에 개정된 콘크리트 표준시방서에서 시방설계규정이 성능설계규정으로 전환을 도모한 것 및 2004년 「주택품질 확보의 촉진 등에 관한 법률」에 근거하여 주택성능표시제도를 시행하고 있는 것 등이 참고가 되었는데, 우리나라의 제도는 「일정 규모의 주택을 공급하는 사업주체는 주택분양시 입주자 모집공고안에 주택성능등급 표시 의무화」를 규정함으로써 세계 최초로 「의무적으로 등급을 표시하는 국가」가 되고 있다.

3. 성능등급 기준

주택성능등급의 인정과 관련한 법적 체계는 종전의 「주택건설촉진법」을 「주택법」으로 개정하면서 시행령 및 규정, 규칙 등을 재정리하고 있는데, 이 중 「주택건설기준 등에 관한 규정」을 일부 개정하면서 「주택성능등급의 표시」 조항을 신설하였고, 이에 따라 2006년 1월 9일 「주택성능등급 인정 및 관리기준」을 제정하므로 이 제도가 시행되기에 이르렀다.(적용대상은 천세대 이상이나 2007년까지는 2천세대 이상임)

이 기준에는 표 1과 같이 5개 성능부문을 세분화한 14개 범주의 총 20개 항목별로 구분하여 1~3(혹은 4)등급으로 성능을 평가하도록 되어 있다.

이때 평가지표의 기준으로서는 법규 혹은 KS · 시방서 등의 규정 및 일반적인 수준을 준수하는 정도의 기준을 최하위 등급인 4(혹은 3) 등급으로 하고 최상위의 성능을 1등급으로 평가척도가 마련되어 있다. 이중 성능항목을 설정하게 된 원칙은 다음에 따른 것으로 알려지고 있다.

표 1 주택성능등급 인정서 중 인정등급

성능부문	성능범주	세부 성능항목	성능평가등급 (단지별 최소등급 표시)
소음관련 등급	경량충격음		① ② ③ ④
	중량충격음		① ② ③ ④
	화장실 소음		① ② ③ ④
	경계 소음		① ② ③
구조관련 등급	가변성		① ② ③ ④
	수리용이성 (리모델링 및 유지관리)	전용부분	① ② ③ ④
		공용부분	① ② ③ ④
	내구성		① ② ③
환경관련 등급	조경 (외부환경)	외부공간 및 건물의 외피의 생태적 기능	① ② ③ ④
		자연토양 및 자연지반의 보전	① ② ③ ④
	일조(빛환경)		① ② ③ ④
	실내공기질	실내공기오염물질 저방출자재의 적용	① ② ③
		단위세대의 환기성능 확보	① ② ③
	에너지성능(열환경)		① ② ③ ④
생활환경 등급	놀이터 등 주민공동시설		① ② ③
	고령자 등 사회적 약자의 배려	전용부분	① ② ③
		고용부분	① ② ③
화재 · 소방 등급	화재 · 소방	화재감지 및 경보설비	① ② ③
		배연 및 피난설비	① ② ③
		내화성능	① ② ③

① 평가를 위한 기술이 확립되어 널리 이용될 것
② 설계단계에서 평가가 가능할 것
③ 외견상 용이하게 판단할 수 없는 사항을 우선
④ 거주자가 용이하게 변경할 수 있는 설비기기는 원칙적으로 대상에서 제외
⑤ 객관적으로 평가하기 어려운 사항은 제외
⑥ 국내 실정을 고려한 수준의 설정
⑦ 상황에 따라 변화하는 요소는 배제한다.

상기 성능부문 중 콘크리트산업과 관련한 것은 「구조 관련 등급」이고, 성능범주는 「내구성」으로 1~3등급을 평가하게 되어 있는데, 그 등급 기준은 표 2와 같이 정하고 있다.

또한, 이와 같은 등급의 평가방법은 다음 표 3과 같다.

표 2 내구성관련 등급기준

등급	등급기준
1급 (장기)	건축물의 최대 내용년수(물리적 수명)를 100년으로 하고, 일상의 유지관리 조건하에서 대규모 이상의 보수·보강을 필요로 하지 않음
2급 (표준)	건축물의 최대 내용년수(물리적 수명)를 65년으로 하고, 일상의 유지관리 조건하에서 대규모 이상의 보수·보강을 필요로 하지 않음
3급 (일반)	건축물의 최대 내용년수(물리적 수명)를 30년으로 하고, 일상의 유지관리 조건하에서 대규모 이상의 보수·보강을 필요로 하지 않음

표 3 내구성 등급의 평가 방법

평가방법
설계도서 및 공사시방서의 검토(건물형상·상세, 허용균열폭, 부재의 최소단면, 철근의 피복두께, 콘크리트의 품질 등)

6. 주택성능등급제에 따른 콘크리트산업의 대응방안

1. 서 언

여기에서는 앞 단원에 이어 주택성능등급제와 관련한 현황 및 문제점과 콘크리트산업의 대응방안에 대하여 고찰해 본다.

2. 현황 및 문제점

주택성능등급표시제도가 시행된 이후 2006년 3월 20일 현재 언론에 보도된 바에 따르면 신청업체가 전무한 상태이다. 예년의 자료에 따르면 15~16개 정도는 될 것으로 예상되었지만 미처 준비가 부족하여 신청이 없는 것으로 분석되고, 모두 1급으로 받을 필요는 없겠지만, 만약 모두 1급으로 받기에는 엄청난 비용부담이 예상되며, 또한 먼저 받게 되는 업체는 후발 경쟁업체와 비교 대상이 될 수 있는 위험부담이 있어 회피하고 있는 등 다양한 이유로 눈치만을 보면서 의무적용대상인 2,000세대 이상의 단지는 2,000세대 이하로 분할하여 발주 및 시공하고 있는 것이 현실이다.

물론, 현행 주택성능등급 인정 및 관리기준에도 문제가 있는 듯하다. 일례로 본 고와 관련이 있는 구조관련 등급성능 부문 중 내구성 성능 범주의 경우 평가 방법이 너무 추상적이다.

즉 설계도서나 시방서에서 건물형상 · 상세, 부재의 최소단면으로 내구성 수명을 판단하기란 전문가가 아니면 곤란한 것으로 사료되고, 철근의 피복두께 및 허용균열폭인 경우는 현재의 시방서 규정만으로도 1급인 100년의 수명이 가능함에 의미가 없고 또한, 콘크리트의 품질은 무한히 넓은 폭이어서 특별한 정량적인 규정이 없으므로 정확한 평가가 곤란하다. 단, 일본의 경우는 내구성 설계에 1급인 장기, 2급인 표준, 3급인 일반인 경우로 규정하여 품질기준강도식을 다음과 같이 두 식을 모두 만족하도록 정하고 있다.

$$F_q = F_c + \Delta F \quad \cdots\cdots(1)$$

$$F_q = F_d + \Delta F \quad \cdots\cdots(2)$$

여기서, F_c는 설계기준강도

F_d는 내구설계기준강도

계획 공용기간의 급	내구설계기준강도(N/㎟)
일반	15
표준	24
장기	30

ΔF는 구조체와 공시체간의 강도차

(일반은 3을 적용)

물론 배합강도를 정할 때에는 관리재령별 품질 기준강도에 기온보정강도(T)와 표준편차(σ)를 고려하여 정하게 되는데, 관리재령 28일의 경우만을 예로 들면 다음(3), (4)식을 모두 만족하게 정한다.

$$F = F_q + T + 1.73\sigma \quad \cdots\cdots(3)$$

$$F = 0.85(F_q + T) + 3\sigma \quad \cdots\cdots(4)$$

따라서 주택성능등급표시제도를 하루속히 정착시키기 위해서는 다음과 같은 대응방안이 요구된다.

3. 학계 및 관계에서의 대응방안

1) 법 규정상에 2006년 1월 9일부터 성능등급표시제가 도입되어 시행되고 있지만 이와 병행해야 하는 학회 차원의 시방서 정비가 필요하다. 일본 등 선진국의 예에서 알 수 있는 것처럼 하루속히 「시방규정」에서 「성능규정」으로 전환되어야 할 것이다. 이와 같은 사항이 정리되면 고강도, 고내구성 등 고성능 콘크리트의 보급은 현재보다 크게 확대되고 품질 향상도 크게 기대할 수 있다.

2) 현 규정의 콘크리트 내구성 평가방법은 빙산의 일각이다. 혼화재 종류 및 치환율, 염화물함유량, 목표공기량 등 무수히 많은 요인에 따라 내구성이 결정될 수 있고 또한, 콘크리트의 품질편차도 어떤 설비를 갖추고 생산하느냐에 따라 무수히 변동계수가 달라질 수 있으므로 심도 있는 항목지정의 검토가 요구된다.

3) 충분한 사전협의 및 홍보가 요구된다. 학계, 관계, 업계, 연구자가 충분히 가능한 범위 내에서 성능등급의 평가방법 및 평가기준을 협의하여 정하고, 정해진 내용은 전국 순회세미나, 교육 등 홍보가 필요하다.

4) 시멘트, 혼화재료, 부순골재의 등급 분류에 의한 KS제품화는 물론이고, 천연골재까지도 등급을 구분하여 KS제품화함으로써 주택성능등급에 맞게 품질을 시방서에 규정하고 아울러 원자재의 품질도 보증할 수 있는 제도보완이 요구된다.

5) 콘크리트를 레미콘으로 생산할 경우 품질 및 설비투자에 따른 가격 차이를 차등하여 인정하고, 현실적으로 적용하는 것이 필요하다. 이와 같은 사항은 조달청의 레미콘 공시가격은 물론이고, 표준품셈에도 반영되어야 할 것이다.

6) 주택성능등급 인정기관의 경우 평가원에 대한 규정도 재고가 요구된다. 즉 콘크리트의 내구성이나 층간 소음문제, 내화재료 등과도 관련하여 재료 및 시공전문가, 특히 품질시험관련자(품질시험기술사 등)가 추가되어야

원활한 평가가 가능할 것으로 사료된다.

4. 레미콘 생산업계의 대응방안

1) 주택설계단계에서 성능을 구별하여 품질을 정하게 되면 당연히 생산되는 레미콘도 성능별로 생산될 수 있는 체계를 갖추어야 한다. 즉 100년 이상의 내구성을 발휘할 수 있는 레미콘은 어떻게 구분하여 생산할 것인가? 혹은 우리 회사는 몇 년 이상 내구성을 갖는 레미콘을 생산하는지 등의 성능표시에 대응하는 체계를 갖추어야만 할 것이다.

2) 레미콘 제조설비 확충에도 투자가 이루어져야 할 것이다. 즉 고품질의 레미콘생산은 기본적으로 설비가 뒷받침되어야 하는데, 골재의 사일로보관설비, 다양한 시멘트 및 혼화재료를 저장할 수 있는 설비, 골재표면수의 자동측정에 따른 배합수 보정설비, 한중·서중에 대응하기 위한 가열 혹은 냉각 설비, 회수수 안정화설비, 단위수량 자동 측정 관리 설비 등의 구비 및 철저한 품질관리로 품질편차를 줄이고, 품질 향상에 노력하여야 할 것이다.

3) 가능하다면 레미콘 생산과 시공을 통합하여 운영하는 체계도 재검토해 볼 필요가 있다. 즉 양질의 레미콘을 완성하기 위해서 생산자는 물론이고 시공자도 세심한 품질관리가 요구되는데, 레미콘사에서도 펌프차를 구입하여 타설까지도 책임져준다면 영업이익이 확대됨은 물론, 총합적인 품질관리로 품질 향상도 기대할 수 있는 방법이 아닐까 생각해 본다.

7. 우량(優良)레미콘 제도

1. 서 언

엊그제, 아침식사 무렵 우연히 TV채널을 돌리던 중 NHK뉴스를 보게 되었다. 얼핏 보게 된 것이라 정확하지 않을 수도 있지만 일본의 경우 "우량택시 제도에서 전용승강장을 별도로 설치하게 되었다."라는 보도였다. 일반인들에게는 그저 대수롭지 않은 내용이겠지만 며칠이 지나도록 그 내용이 내 마음을 떠나지 않고 맴돌고 있으며, 어젯밤에는 급기야 잠까지 설치게 되어 이런저런 생각을 정리하여 여기에서는 「우량레미콘 제도」라는 것을 기술해 본다.

2. 우량택시 제도

일본의 경우 먼저, 「우량택시」가 되기 위해서는 다음의 3가지 조건을 만족시켜야 한다고 보도하고 있다.

<우량택시가 되기 위한 조건>

① 10년 이상 운전 경력
② 무사고, 무벌점
③ 설문지에 의한 무불만 신고

이 중 첫 번째는 영업용 택시로 10년 이상 근무한 경력을 요구하는 것인데, 이것은 그 지역의 구석구석까지 지리정보를 잘 알고 있어서 결국 손님

이 무엇이라고 비슷하게 말을 해도 바로 알아듣고 정확히 안내할 수 있다는 것으로 올바른 지식을 의미한다.

둘째는 무사고, 무벌점인데, 이는 교통법규를 정확히 준수하여 교통사고가 없어야 함은 물론이고, 규정 속도, 교통신호, 주차위반 등도 하지 않아 벌점이 없는 운전자이어야만 한다.

셋째로는 택시를 탄 승객으로부터 설문지 혹은 불만신고 등으로 불친절 등이 지적된 사례가 없어야 한다는 것이다.

이와 같은 3가지 조건을 모두 갖추게 되면 국가로부터 우량택시라는 마크를 차량에 표시하게 되는데, 이번의 NHK보도에서는 이와 같은 우량택시의 경우 일반택시의 승강장과 분리하여 우량택시 승강장을 별도로 만들어준다는 것이다. 어찌보면 우리나라의 모범택시제도와 같은 것이 아닌가 싶기는 한데 이런 것을 레미콘에 도입해 보면 어떨까 하는 생각이다.

3. 우량레미콘 제도

우량택시가 되기 위한 유형으로 우량레미콘이 되기 위한 조건을 생각해 본다.

첫째로 10년 이상의 레미콘 운영경력이다. 택시처럼 지리정보가 중요한 건 아니지만, 10년 이상이 되면 콘크리트에 대한 충분한 지식정보 구축이며 실험·연구 등과 관련한 설비구축 등 소프트웨어나 하드웨어 측면에서 완성도가 높지 않을까 싶다. 그러나 특히 이 경우 가장 기대하는 것은 원칙도 무시한 가운데 수요자의 잘못된 요구에 따라 형성된 일부 레미콘사의 바람직하지 못한 배합설계자료 만큼은 올바른 지식을 바탕으로 바로 잡아주지 않을까 생각하게 된다.

둘째로 무사고·무벌점과 연관한 원칙을 지키는 문제이다. 레미콘 트럭의 사고 문제나 차량의 법규 위반으로 생각할 수도 있지만 이보다는 레미콘의 규정에 따른 올바른 생산 및 품질관리에 초점을 맞추고 싶다.

수요자의 터무니없는 요구도 문제가 없는 것은 아니지만 아직도 근절되지 않는 레미콘 가수의 현실이며, 덤핑으로 더 이상 낮아질 수 없을 만큼 낮아진 가격임에도 불구하고 성적서상 강도값은 호칭강도에 두 배를 넘는 경우도 있는 등(그 레미콘사는 아직도 부도나지 않고 운영되고 있음) 분명하게 규정을 잘 지켜서 정상화된 품질관리로 레미콘을 생산하고 있는지가 체크포인트가 되어야 할 것이다.

사진 1 일본의 우량택시

사진 2 우량레미콘의 제안

셋째로 무불만 사례이다. 이 부분에서 중요한 것은 택시와 달리 레미콘 산업에서는 소비자에 대한 서비스라고 생각한다. 원래 건설업의 운영체계는 원도급자인 일반 건설업의 경우, 현장소장 이하 현장기사는 당연히 대학의 건설관련 학과를 졸업하여 전공지식을 충분히 갖추고 있겠지만 대부분의 건설공사는 하도급 운영체계로 운영하다보니 품질관리 및 품질 향상에 발을 빼서 하도급자에게 발목 잡히지 않으려 하고, 잘못이 발생하면 대부분을 하도급업체의 책임으로 전가하려고만 하고 있으니 이제는 하도급업체가 실력을 향상시켜 서비스를 베풀지 않으면 안 되는 상황이다. 안 되는 것은 안 되는 것으로 알려주고, 잘못된 것은 시정되도록 해야 하는 것이 우선이며, 잘못된 하자를 책임공방 혹은 덮으려고만 해서는 안 될 것이다. 이제부터는 레미콘사가 주축이 되어 콘크리트의 품질을 향상시키고, 기술개발이나 연구 노력도 필요한 시점인데, 이와 같은 서비스의 정도가 세 번째로 반영되어야 할 항목이다.

결국 제도를 새롭게 만든다고 반드시 발전하는 것은 아니지만 우량택시라는 표시를 붙이고, 전용주차장을 마련해 주어 모든 택시운전기사에게 희망을 주고 우대해 주는 것처럼 「우량레미콘」이란 마크를 주어 품질관리에 대하여 노력하도록 유도하고, 우수한 품질의 레미콘을 가격적으로라도 우대하며, 소비자에게는 차별화된 양질의 제품을 구매할 수 있는 기회를 마련해 준다면 현, 수준의 레미콘에서 한 단계 더 발전할 수 있는 계기가 되지 않을까라고 상상해 본다.

8. 선무당이 레미콘 잡는다(I)

1. 서 언

옛 속담에 의술이 서투른 사람이 환자를 치료해 준다고 하다가 사람을 죽이기까지 한다는 것에서 「선무당이 사람 잡는다」라는 말이 있다.

안타깝게도 우리나라 레미콘산업과 관련해서 종전의 경우는 잘 몰라 오히려 원칙이 통하고 그런대로 문제가 없었지만 요즈음에는 어설픈 지식이 보급되고, 일부에서는 머리를 잘못 회전하다 보니 유감스럽게도 선무당이 사람 잡는 것처럼 레미콘을 잡는 현상이 발생하고 있어서 여기에서부터 몇 단원에서는 이를 지적하여 시정을 기대해 본다.

2. 슬럼프치의 허용오차 활용 문제

건설공사 수행자가 레미콘을 주문할 때는 「25-24-120」과 같이 굵은골재 최대치수(25 mm), 호칭강도(24 MPa), 슬럼프치(120 mm)의 조합으로 주문하게 된다. 그런데 이 중에서 슬럼프치란 콘크리트의 되고 진 정도, 즉 반죽질기를 표현하는 말로서, 수치가 150 mm 이상이면 질고, 그 이하면 된다는 표현이 된다.

그런데 우리 주변에서 실시되는 대부분의 대규모 건축공사는 「건축공사 표준시방서」의 「05055 고내구성 콘크리트공사」에 속하게 되어 슬럼프치는 120 mm 이하로 시공하도록 규정되어 있다. 당연히 이 경우는 된반죽 상태가 되어 시공에 약간의 어려움이 따르게 되는데, 비록 시공은 약간 어렵더라도 꼼꼼히 다져넣어 주면 보통콘크리트보다 건조수축 균열의 감소, 수화열에 의한 균열저감 등 내구성을 높이는 것이 가능하므로 이를 위한 목적의 규정인데, 만약 된비빔으로 시공이 정말로 곤란하다면 유동화 콘크리트 공법으로 최대 210 mm까지 유동화시켜 부어넣도록 유도하고 있다.

그러나 그동안 우리나라 콘크리트 시공현장에서 유동화공법은 찾아보기 어렵고, 대부분 간단히 물탱크에서 연결된 레미콘차량 가수장치의 밸브를 틀어 주어 공공연하게 기능공들이 가수하는 사례가 많았었는데(이를 막기 위해 일부 레미콘사는 가수용 배관을 철거한 곳도 있음), 아직도 근절되지 않아 안타까운 마음 금할 길이 없지만 최근에는 이보다 한 수 더 뜨는 선무당이 나타났다. 즉 주문한 레미콘이 너무 되서 시공을 못하겠다는 불평이 기능공에서부터 올라오게 되면 원도급 건설사의 품질관리담당자(감리자의 묵인도 있음)는 짤막한 지식이 발휘되어 슬럼프치의 허용차라는 카드를 빼내들게 된다. 즉 슬럼프치가 120 mm라면 ±25 mm의 허용차가 KS F 4009에 표 1과 같이 존재함에 이를 활용하게 되는 것이다. 120 mm에 −25 mm를 하게 되면 95 mm, +25 mm를 하게 되면 145 mm가 되는데, 이 중 145 mm를 시공현장의 슬럼프치로 택하게 되면 양호한 시공성으로 능률도 오르게 되므로 실무에서는 자주 채택되는 카드이며, 시공 사례이다.

표 1 슬럼프의 허용 오차

단위 : mm

슬 럼 프	슬럼프의 허용 오차
25	±10
50 및 65	±15
80 이상	±25

그러나 그 내용을 자세히 들여다보면, 레미콘에 대한 설명은 이해하기 어렵다면 총을 쏘는 것으로 가정하여 이해해 보자. 즉 100 m 정도 떨어진 곳에 표적지를 붙이고, 총을 튼튼히 고정된 기초 위에 절대 움직이지 않게 용접을 해놓고 10발의 총알을 쏜다고 가정할 때, 10발 모두가 표적지의 한 구

멍에 들어갈 수 있겠는가? 군에 다녀온 사람이라면 당연히 아니라는 것을 알 수 있다. 탄착점을 형성하면서 산포된 모습을 나타내는데, 이는 탄환의 평활도, 바람의 유무 등 많은 요인에 의해 오차가 발생하기 때문인데 레미콘도 마찬가지 개념으로 해석하면 될 것이다.

즉 그림 1과 같이 운반거리를 감안하여 120 mm의 슬럼프치로 레미콘을 제조하였다면 재료의 불균일, 계량오차 등에 의해 95~145 mm 범위에 들게 되어 이 범위를 벗어나지 않도록 품질관리하면 바람직한 방법이 될 것이다.

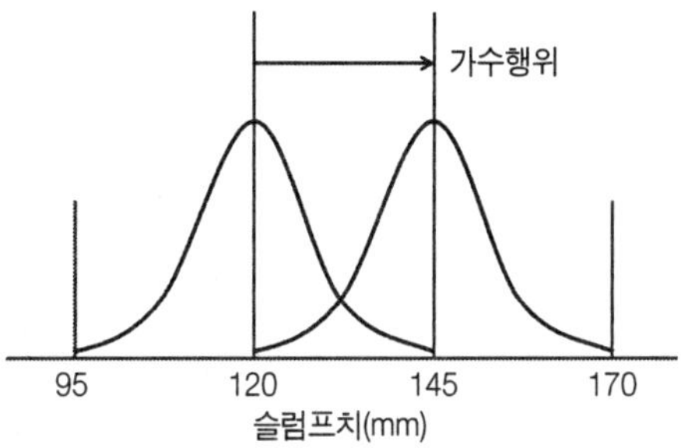

그림 1 슬럼프치 허용차의 잘못된 고려

그런데 만약 선무당처럼 완벽하지 못한 지식으로 120 mm 슬럼프치의 허용차범위라 하여 145 mm로 요구하게 된다면 어떻게 될까? 당연히 이번에는 145 mm가 중심이 되어 ±25 mm로서 120~170 mm의 레미콘이 만들어지게 되는데, 절반의 슬럼프치는 합격이지만 절반은 불합격이 된다.

그렇다면 이와 같은 질기는 어떻게 만들어질까? 당연히 잘못된 요구이다 보니 레미콘제조도 변칙으로 변환되어 원칙적인 배합설계방법에 따른 수정이 아니고, 주로 잔골재의 표면수율만을 조정하여 슬럼프치를 높이는데, 결국 이는 주문자의 요구에 따라 레미콘사가 가수하게 되는 결과가 된다.

이렇게 되면 이제 품질관리가 실종되게 되는데, 슬럼프의 불합격은 두말할 필요도 없고, 공기량이며 압축강도도 모두 비정상으로 전개된다. 아주

심한 경우는 150 mm 같은 120 mm(송장은 120 mm, 실제질기는 180 mm)의 슬럼프치를 요구하는 경우도 있는데, 이는 아주 위험한 범죄행위이다.

3. 잔골재율의 상승 문제

위의 가수문제는 여기에 그치지 않는다. 정상적인 레미콘 배합에 가수를 하면 어떤 문제가 발생할까? 공기량저하, 강도저하 등의 문제도 심각하지만 건설공사현장에서는 당장의 사안으로 재료분리(잔 · 굵은입자가 서로 나누어져서 분포되는 현상)가 발생하여 펌프압송이 나빠지고, 거푸집해체시 많은 공극현상이 발생한다.

그렇다보니 선무당은 한발짝 더 나아가 표면마감성만을 고려하여 잔골재율(S/a ; 전체 골재 중 잔골재가 차지하는 비율)을 높여 레미콘을 제작해 달라는 요구를 하게 되는데, 아주 심한 경우는 잔골재율을 50 % 이상(모래가 절반 이상을 차지하는 경우)으로 배합설계를 하지 않으면 레미콘을 받지 않겠다는 것이다. 그러다 보니 우리나라 대부분의 레미콘사 배합설계자료에는 목표 슬럼프치가 바뀌어도 잔골재율은 바뀌지 않게 되는 희한한 경우가 많고, 가격도 슬럼프치별로 별 차이 없는 경우로 유동화공법의 접근이 곤란하도록 차단된, 세계적으로 유래를 찾기 힘든 매우 이상한 배합설계가 자리잡고 있는 것이다.

9. 선무당이 레미콘 잡는다(Ⅱ)

1. 서 언

앞 단원에서는 슬럼프치 허용오차의 잘못된 활용과 관련한 배합적인 측면에서의 소위 「선무당이 레미콘 잡는다」이었다.

여기에서는 전 단원에 이어 레미콘의 용적과 관련한 사안을 기술하여 잘못된 부분이 시정되도록 기대해 본다.

2. 재료의 할증률 관련 규정

일반적으로 건설공사를 수행할 때에는 공사착수 전에 소요의 재료, 품, 기계경비 등을 산출하고(적산), 여기에 단가를 곱하여 해당공사의 가격으로 산출(견적)하게 된다. 이때 소요재료를 산출할 때에는 반드시 재료가 부족할 수 있으므로 정미량에 얼마만큼의 할증률을 고려하여 소요재료량으로 산출하게 된다. 소요재료량을 산출할 때 각 재료별 할증률은 공사종류, 공사규모 등 다양한 조건에 따라 달라질 수 있지만, 그때그때 필요한 할증률을 정하는 것은 매우 번잡스러운 일이 되므로 국가차원에서는 「건설공사 표준품셈」으로서 보편적인 건설공사를 상정하여 재료의 표준할증률을 정하고 있다. 콘크리트의 할증률과 관련한 사항으로는 「1-9 재료의 할증률」과 「6-1-1 콘크리트 타설」에 규정되어 있는데, 그 내용은 표 1 및 2와 같다.

단, 표 중에서 철근콘크리트 구조물은 무근콘크리트 구조물보다 할증률이 1% 적게 되어 있는데, 이는 동일 체적의 콘크리트 중에 철근이 들어 있는 만큼 콘크리트가 들어 있지 않기 때문에 이를 고려한 것으로 결국 실무의 모든 콘크리트 구조물에서는 2%의 할증을 보도록 규정하고 있는 것이다.

또한, KS F 4009의 용적관련 규정은 다음 표 3과 같다.

표 1 콘크리트관련 재료의 할증률

재료별		할증률(%)
〈이상 생략〉		-
레디믹스트 콘크리트 타설 (현장 플랜트 포함)	무근 구조물 철근 구조물 철골 구조물	2 1 1
현장 혼합 콘크리트 타설 (인력 및 믹서)	무근 구조물 철근 구조물 소형 구조물	3 2 5
〈이하 생략〉		-

표 2 콘크리트 타설 관련 사항

6-1-1 콘크리트 타설

1. 레디믹스트 콘크리트 타설

(m^3 당)

구분 \ 직종	콘크리트공(인)	보통인부(인)
무근구조물	0.15	0.27
철근구조물	0.17	0.29

※ 본 품에는 재료 및 콘크리트의 소운반, 타설, 다짐 및 양생의 품이 포함되어 있다.

※ 레미콘의 타설 할증률(구입 시)은 무근 구조물인 경우에는 2%, 철근 구조물 또는 철골 철근 구조물인 경우에는 1%를 적용한다.

※ 본 품에는 층수에 따른 품의 할증이 포함되어 있다.

〈이하 생략〉

표 3 KS F 4009의 용적규정

6. 용적 : 레디믹스트 콘크리트의 용적은 배출 지점에서 납품서에 기재한 용적보다 작아서는 안 된다. 〈이하 생략〉

3. 용적관련 사항의 고찰

실무 건설공사에서, 실제 단면크기에 맞춰 수학적인 계산에 의해 산출한 콘크리트 물량에 2 % 할증(철근콘크리트 구조물인 경우는 1 %)을 두고 주문한 레미콘 물량에 대하여 표 3과 같은 조건으로 레미콘사가 레미콘을 납품했다면 양이 부족한 상황은 아마 없을 것이다. 그러나 실무에서는 경우에 따라 레미콘 물량이 부족하다는 경우도 있는데, 적산의 오류를 제거하게 되면 큰 문제는 없을 것으로 사료된다.

그러나 용적과 관련하여 먼저, 레미콘사의 경우 표 3을 만족시키기 위하여 원죄(? : 표현이 어떨지 모르겠음)적으로 수학을 잘못 적용한 것이 출발점이 된다.

즉 1 m^3의 레미콘을 l로 환산하면 수학적으로 1,000 l가 된다. 따라서 레미콘 배합에서 1 m^3에 소요되는 시멘트, 혼화재료, 물, 모래, 자갈의 각 재료 무게를 각 재료의 밀도(종전의 표현으로 비중)로 나누어 절대용적을 구한 다음 전체를 합하면 955 l가 되고, 여기에 목표 공기량 4.5 %로서 45 l를 합하면 1,000 l가 되는데, 이렇게 되면 수학적으로 옳고, 실무에서도 올바른 배합설계가 된 것이다. 그런데, 각 레미콘사에서는 표 3을 만족시키기 위해 설계한 단위수량, 단위시멘트량 및 혼화재량을 절대용적으로 환산하여 1000 l에서 빼준 다음 골재량을 계산하는 과정에서 공기량을 4.5 %가 아닌 3 %를 고려하여(4.5±1.5 %에서 공기량이 작아지면 용적이 모자랄 수 있음을 고려함) 30 l를 공제한 다음 나머지량을 골재로 하여 S/a에 따라 잔·

굵은골재량을 산출하는데, 결국 1.5 % 공기량만큼 골재를 더 넣어주는 방법으로 계산함으로써 1,000 *l* 배합설계를 1,015 *l* 로 되도록 배합설계를 하고 있다.

결국 이 방법은 전체 재료량(시멘트+혼화재+물+공기+잔 · 굵은골재)에 일정비율의 할증, 일례로 1.5 %의 할증이라면 「전체량×1.015」로 해야 할 것을 잘못 적용한 것으로서 엄밀히 말하면 배합설계한 품질도 당초와 달라지고, 계산도 틀려 반드시 수정을 해야 하는 사항이다.

그런데 이번에는 이와 같은 원죄적 잘못 적용에 선무당이 나타나서 한걸음 더 나아가고 있다.

표 4 ○○○ 현장 레미콘 용적 부족량 관련 보고

※ 배경 - 당사 레미콘 납품조건 중 콘크리트 1 m^3 용적이 1,030 *l* 이나 납품레미콘사인 경우는 1,015 *l* 로 설계되어 있음 〈중간생략〉 ※ 조치 및 향후계획 - 납품물량에 부족분 물량을 산출한 다음 단가를 곱하여 그 금액은 환수 조치 - 구매팀 통보

즉 선무당은 표 4와 같이 근거도 없이 1 m^3의 콘크리트를 1,030 *l* 로 배합설계(배합설계 자료제출) 및 납품하도록 요구하고 있는 것이다. 이 경우는 품질에 종전보다 더 큰 문제점을 야기하는 것이 되어 가슴이 아픈데, 레미콘사 입장에서는 요구한 물량의 부족분만큼을 계산하여 수백 만 원을 환수 조치하여 금전적 불이익을 받고, 더 나아가 구매팀에 통보하여 차기 납품에까지 불이익을 주고 있으니 이와 같은 어처구니없는 사안을 어찌하면 좋을꼬?

결국, 우리나라가 선진국으로 가기 위해서 수학은 수학적으로 합당하고, 할증은 올바른 개념의 할증으로 자리잡도록 해야만 하지 않겠는가? 하고 간곡히 소망해 본다.

10. 선무당이 레미콘 잡는다(III)

1. 서 언

일반적으로 건설공사에서 어떤 잘못된 사안은 언제나 꼬리에 꼬리를 무는 반복성의 경향을 나타낸다.

여기에서는 슬럼프 허용오차의 잘못된 활용, 레미콘 용적과 관련한 할증의 잘못된 적용에 이어 레미콘 품질관리 측면의 잘못된 적용을 기술하여 이의 시정을 기대해 본다.

2. 품질관리의 개요

현지에 납품된 레미콘의 품질관리로는 시료채취에 의한 슬럼프시험, 공기량시험, 염화물량시험 및 압축강도시험 등 실험실적 품질관리와 타설된 구조체의 압축강도발현 검사, 균열조사 등 구조체적인 품질관리로 나누어진다.

이 중 실험적인 품질관리는 제 I 권 IV-1~12 및 기타에 기술되어 있고, 구조체적인 압축강도발현검사는 제II권 IV-1, 제 I 권 IV-11 기타와 같으며, 균열 관련 사항은 본권 II-2~4와 같다.

3. 품질관리 결함사항의 고찰

실무 건설공사의 품질관리 과정에서도 선무당이 실시하는 품질관리에는 많은 문제점을 안고 있다.

일례로 선무당의 경우는 레미콘사가 알아서 실시하게 되는 배합자료나 사용재료(특히 혼화제)까지도 지정해 주는 적극성을 보이고 있는데, 과연 합당한 일인지 의심이 되고, 잘못된 로트(lot)의 설정, 실험방법의 오류, 본인이 실시해야 할 검사를 납품자에게 전가, 품질평가 지식의 부재, 기온보정 강도의 미시행 등 이루 언급하기도 힘들 정도로 많은 어려움을 안고 있다.

구조체 품질관리와 관련해도 구조체 강도관리 개념의 미숙지, 균열발생 억제 노력의 부재 등도 있어 안타까움이 매우 큰데, 기타의 모든 사항은 본서 Ⅰ~Ⅱ권 내용에 포함시켜 구체적으로 설명하였음에 생략하고, 최근에 알게 된 균열관리 관련 선무당의 사례를 들어 그 내용만을 고찰해 본다.

4. 균열관련 품질관리 결함사항의 고찰

표 1 및 2와 같이 선무당의 균열에 대한 대책은 어설프기 짝이 없다. 균열이 발생하지 않도록 재료 선정, 배합검토 및 시공법 선정의 노력은 찾아보기 어렵고, 균열원인을 찾아 재발을 막고자 하는 노력 또한 없다. 일반적으로 72시간 이내의 균열원인으로는 레미콘사의 재료 선정 및 배합설계 등이 전혀 무관한 것은 아니지만 대부분은 레미콘 가수 등에 따른 침하균열, 표면의 양생부재에 따른 소성수축균열, 매스콘크리트인 경우는 수화균열 등 선무당이 콘크리트의 타설 및 양생관리를 잘못해서 발생하는 균열이 대부분이다. 그런데 선무당은 누구 책임을 불문하고(본인의 책임이 가장 큼) 갑과 을의 계약 우열관계상 약자가 되는 레미콘에게 모든 균열의 보수를 명하고 있는데(형식상 회의라고 함), 만약 보수가 불충분한 경우는 선무당이 보수하고 그 비용을 레미콘사에 전부 부담시킨다고 하므로 과연 이래도 되는 것일까?

이와 같은 해결방법의 품질관리라면 과연 계속해서 발생하는 균열 문제를 해결할 수 있을까? 이와 같은 것이 한 번만의 문제라면 그래도 이해할 수 있겠지만, 표 1과 2의 내용을 보면, 이번에 그칠 것 같지 않고, 이와 같은 사례를 오히려 전국의 수많은 선무당에게로 전파시킬 것 같은 예감이 들어 그저 답답할 따름이다.

표 1 균열품질관리 관련 공문의 일례

〈이상 생략〉

제목 : 레미콘 납품 후 품질관리 이행에 관한 건

1. 귀사의 무궁한 발전을 기원합니다.
2. 〈생략〉
3. 레미콘 납품업체에서는 자기가 납품한 제품에 대하여 콘크리트 타설 72시간 경과 후 조속히 슬래브 바닥 상부균열을 다음을 만족할 수 있도록 보수하여 주시기 바랍니다.
   - 슬래브 균열 하부로의 누수방지
   - 슬래브 상부에서 보수한 자국이 남지 않도록 보수
   - 품질을 신뢰할 수 있는 재료사용
     (사용자재 자료를 당사에 사전 제출할 것)
   - 보수하기 전 해당 공구 건축담당자와 협의 요함
4. 보수가 완벽하지 못할 경우는 당사가 재보수하고 그 비용을 레미콘 납품사와 협의하여 분담하고자 함

〈이하 생략〉

표 2 콘크리트 품질보수 관련 공문의 일례

〈이상 생략〉

제목 : 콘크리트 품질보수의 건

1. 귀사의 무궁한 발전을 기원합니다.
2. [표 1의 내용] 과 관련입니다.
3. [구조부위 언급] 를 보수할 예정이며, 실투입 비용은 상기 2항에 의거 협의 및 분담할 예정임을 알려드립니다. 끝

* 각 레미콘사별 납품현황 및 분담비율 기술

〈이하 생략〉

5. 결언

위에서 언급한 선무당 문제를 슬기롭게 해결할 수 있는 방법은 없을까? 가장 올바른 해결은 레미콘사의 품질관리 담당자도 물론이지만, 선무당들을 올바른 무당 혹은 정확한 의사로 가르칠 수 있는 사회적 교육시스템이 우선적으로 필요하게 된다.

또한 계약사항의 경우는 언제나 을이 일방적으로 갑의 요구를 수용할 수밖에 없는 처지인데, 이를 바로잡을 수 있는 제도적 장치의 마련도 요구된다.

그러나 무엇보다 중요한 문제는 다른 곳에 있다고 생각한다. 즉 짧은 시간에 기하급수적으로 발전한 우리나라 건설공사의 경우, 만연된 그 동안의 무수히 많은 변칙들을 건설선진국이 되기 위해서라면 정확한 원칙 아래 아무리 시간이 많이 소요되더라도, 그리고 경우에 따라서는 발전이 어느 정도 늦을지라도 원칙에 입각하여 모든 제도를 바로 세우는 것이 중요한 일이 아닐까 생각해 본다.

11. 품질 불감증 문제

1. 서 언

일상생활에서 가끔은 잘못된 대처로 문제 해결을 어렵게 하고, 오히려 일을 그르치는 경우도 존재한다.

일례로 인체의 장기 중, 간에 이상이 발생하면 눈이 노랗게 되는 황달이 발생하고, 또한 얼굴이 검게 되는 현상이 나타나기도 한다. 그렇다면 이와 같은 상황에서 병원의사의 치료는 당연히 간에 대한 원인을 치료해야만 황달도 고치고 검은 얼굴도 해결될 수 있는 것이지, 황달을 치료한다고 안약을 넣고 검은 얼굴을 치료한다고 파운데이션을 두껍게 바른다면 올바른 치료가 될 수 없다는 것은 두말할 필요가 없는 일이다.

따라서 여기에서는 건설공사의 많은 문제점이 품질관리의 부재, 즉 「품질 불감증」에 있음에도 불구하고 대부분의 모든 생각들이 「안전 불감증」으로만 취급되고 있음에 이와 같은 문제와 관련하여 기술해 보고자 한다.

2. 품질 불감증 문제

건설공사와 관련하여 크고 작은 사고가 발생하면 언론에서는 언제나 안전 불감증 문제를 제기하곤 한다. 와우 아파트 붕괴, 우암상가 아파트 화재 붕괴, 성수대교 붕괴, 삼풍백화점 붕괴에 이어 최근 판교 ㅇㅇ연구소 터파기 공사장 붕괴 사고, 대구~부산간 KTX철도 침목 하자 문제에 이르기까지 일련의 예가 그것이다.

그러나 안전 불감증이라고 지적하는 것은 결과의 문제 혹은 최종 사건의 문제이지, 안전 불감증이라 평가하기 이전의 문제는 품질 불감증에서부터 출발한 것이다. 물론, 기하급수적으로 국가경제가 발전하는 과정에서 일부 품질결함의 문제를 감수할 수밖에 없었던 상황도 있었겠지만, 이제는 GNP 2만 달러 시대에 전 세계 건설을 리드하는 단계에 이르렀고, 학문적으로도 어느 정도는 확립되었다고 생각되는데, 아직도 크고 작은 품질 불감증 문제가 계속해서 발생하고 있어 안타깝게 느껴진다.

특히 안전 불감증 문제는 빙산과 같아서 문제시되는 것은 노출된 일각인 것처럼 보이지만 실제는 그 안쪽에 더 큰 품질 불감증 문제들을 안고 있다. 콘크리트와 관련한 실무현장의 일례로서 강도, 내구성 보다는 시공성 향상을 우선시하는 것으로 가수행위가 아직도 이루어지고 있고(기술자가 가수행위를 모르는 것이 더 큰 문제임), 구조체의 강성보다는 표면의 미관만을 중시하여 잔골재율을 크게 관리하는 잘못된 배합설계며, 올바른 품질 확보보다는 물량이 부족하지 않게 하기 위해 잘못된 배합설계의 할증률 문제 및 균열이 발생하는 경우 원인을 찾아 재발을 방지하는 노력 보다는 빠른 시간 내에 감쪽같이 때우는 것에만 관심을 기울이고 있는 보수문제는 안타깝기 그지없다.

품질관리 및 검사의 경우도 유사한 상황이다. 일례로, 레미콘 150 m^3마다 1 회의 비율로 관리하는 3 개 공시체의 평균압축강도 값은 구입자가 지정한 호칭강도(일례로 24 MPa)값에 85 % 이상(일례로 20.4 MPa)과 3 회 시험공시체의 평균값(1 회에 3 개 × 3회 = 9 개)은 호칭강도값 이상으로 두 개의 조건을 모두 만족하도록 450 m^3(1 lot)를 기본으로 시험 검사하고 있다. 그렇게 되면 1 회 시험데이터가 호칭강도 값으로부터 85 % 범위에 존재할 수 있는 통계학적 확률은 4 % 정도, 즉 100 회 중 4 회 값 정도의 데이터는 존재할 수 있는 것이 지극히 정상인데, 우리나라 많은 현장의 검사결과는 유감스럽게도 단 1회라도 있으면 큰일 나는 줄 알고 특히 1 회(3 개 평균값) 중 1 개만 있어도 안 되는 거의 0 %에 가까운 완벽한 품질관리를 한다는 결과

사진 1　우암상가 아파트 화재 붕괴

사진 2　삼풍백화점 붕괴

사진 3　KTX 철도침목 하자

보고서이고 보니 검사 자체가 신용할 수 없는 것이 현실로써 이것이 품질 불감증의 근본이다.

문제는 이에 그치지 않는다. 수입검사란 반드시 받아들이는 사람이 실험을 해야 올바른 검사가 될 수 있는데, 콘크리트를 납품하는 사람이 시험을 실시하는 경우가 있으므로 이것도 문제이다. 즉 납품자가 굳지 않는 상태에서 슬럼프, 공기량 및 염화물량 시험을 실시하여 합격 여부를 평가하는 상황이므로 올바른 검사가 안 되는 경우도 있고, 또한 압축강도 시험용 공시체도 납품자가 제작 레미콘사로 운반·양생한 후 시험기관에 의뢰하여 시험 성적서로 검사를 행하는 경우도 있으므로 실제 구조체의 품질 특성치와 다른 시료의 데이터로 평가가 진행되는 경우가 있다.

문제가 있는 것을 문제인 줄 알고 있는 것은 개선될 수 있지만, 문제가 있음에도 문제가 있는 것조차 모르는 것은 영원히 개선될 여지가 없기 때문에 걱정스러운 것이다. 빠른 시간 내에 콘크리트 품질을 올바르게 이해하고, 관리하며, 검사함으로써 대형사고로는 연결되지 않더라도 이제는 품질 불감증 문제를 해결하는 단계가 도래했다고 생각되는데, 부디 콘크리트 관련 전문가들의 이해와 분발을 진정으로 기대해 본다.

부 록

레미콘 · 아스콘 · 골재 게재 목차

- *제 1 회 콘크리트의 강도 증진 (1997년 8월)
- *제 2 회 매스콘크리트의 온도균열 (1997년 9월)
- *제 3 회 콘크리트 배합의 잔골재율(S/a) (1997년 10월)
- *제 4 회 골재의 입자분포와 콘크리트의 품질 (1997년 11월)
- *제 5 회 설계기준강도 · 호칭강도 · 배합강도 (1997년 12월)
- *제 6 회 구조체 관리용 공시체 (1998년 1월)
- *제 7 회 콘크리트의 초기동해 (1998년 2월)
- *제 8 회 KS 및 건축 · 토목의 콘크리트 (1998년 3월)
- *제 9 회 건축구조물에 있어 철근의 피복두께 (1998년 4월)
- *제 10 회 콘크리트의 소성수축 균열 (1998년 5월)
- *제 11 회 AE 공기량 (1998년 6월)
- *제 12 회 골재의 모양과 콘크리트의 품질 (1998년 7월)
- *제 13 회 시멘트 온도와 레미콘의 품질 (1998년 8월)
- *제 14 회 여름철 레미콘 생산에 있어 원자재 품질관리 (1998년 9월)
- *제 15 회 콘크리트의 건조수축 균열 (1998년 10월)
- *제 16 회 팽창콘크리트 (1998년 11월)
- *제 17 회 건축구조물의 거푸집 탈형시기 결정 (1998년 12월)
- *제 18 회 한중콘크리트 적용기간의 설정 (1999년 1월)
- *제 19 회 한중콘크리트에 있어서 계획배합의 결정 (1999년 2월)
- *제 20 회 콘크리트의 동해열화 현상 (1999년 3월)
- *제 21 회 유동화 콘크리트의 활용 (1999년 4월)

*제 22 회 유동화 콘크리트의 배합설계 요점 (1999년 5월)
*제 23 회 콘크리트용 부순골재의 품질 (1999년 6월)
*제 24 회 서중콘크리트의 적용기간 (1999년 7월)
*제 25 회 서중콘크리트의 제조관리 (1999년 8월)
*제 26 회 서중콘크리트의 운반 및 부어넣기 (1999년 9월)
*제 27 회 서중콘크리트의 표면마무리 및 양생 (1999년 10월)
*제 28 회 환경친화형 콘크리트(Eco-concrete) (1999년 11월)
*제 29 회 식생콘크리트의 개요 및 물리적 특성 (1999년 12월)
*제 30 회 식생콘크리트의 생육 및 환경조정 특성 (2000년 1월)
*제 31 회 플라이애시의 품질규정 및 굳지 않은 콘크리트의 특성 (2000년 2월)
*제 32 회 플라이애시를 사용한 경화콘크리트의 특성 (2000년 3월)
*제 33 회 고로슬래그 미분말의 품질규정 및 굳지 않은 콘크리트의 특성 (2000년 4월)
*제 34 회 고로슬래그 미분말을 사용한 경화콘크리트의 특성 (2000년 5월)
*제 35 회 레미콘산업의 제로에미션 (2000년 6월)
*제 36 회 실리카흄을 사용한 콘크리트의 특성 (2000년 7월)
*제 37 회 시멘트 품질과 고강도 콘크리트의 유동성 (2000년 8월)
*제 38 회 레미콘의 운반시간 (2000년 9월)
*제 39 회 레미콘 압축강도 검사의 로트(Lot)와 시험횟수 (2000년 10월)
*제 40 회 레미콘의 수입검사 순서 및 시료채취 (2000년 11월)
*제 41 회 슬럼프 시험 (2000년 12월)
*제 42 회 공기량 시험 (2001년 1월)
*제 43 회 염화물량 시험 (2001년 2월)
*제 44 회 온도측정 및 단위용적중량 시험 (2001년 3월)
*제 45 회 압축강도 시험용 공시체 제작 (2001년 4월)
*제 46 회 압축강도 시험 (2001년 5월)
*제 47 회 인장, 휨 및 전단 시험 (2001년 6월)
*제 48 회 레미콘 시험검사의 시기와 횟수 (2001년 7월)

- 제 49 회 압축강도 불합격 레미콘의 조치 (2001년 8월)
- 제 50 회 콘크리트 마무리 상태의 검사 및 보수 (2001년 9월)
- 제 51 회 고내구성 콘크리트의 적용 대상 및 품질 (2001년 10월)
- 제 52 회 고내구성 콘크리트의 시공 및 피복두께 (2001년 11월)
- 제 53 회 고강도 콘크리트의 개요 (2001년 12월)
- 제 54 회 고강도 콘크리트용 재료 (2002년 1월)
- 제 55 회 고강도 콘크리트의 배합설계 (2002년 2월)
- 제 56 회 고강도 콘크리트의 시공품질관리 (2002년 3월)
- 제 57 회 고강도 콘크리트의 역학적 성질 및 내구성 (2002년 4월)
- 제 58 회 고성능 콘크리트의 폭열방지 (2002년 5월)
- 제 59 회 고성능 콘크리트의 자기수축 (2002년 6월)
- 제 60 회 회수수의 정의 및 굳지 않은 콘크리트에 미치는 영향 (2002년 7월)
- 제 61 회 회수수가 경화콘크리트의 품질에 미치는 영향 및 사용기준 (2002년 8월)
- 제 62 회 레미콘 회수수 관련 설비관리 (2002년 9월)
- 제 63 회 슬러지의 효율적인 활용 (2002년 10월)
- 제 64 회 레미콘 공장의 선정 (2002년 11월)
- 제 65 회 콘크리트의 블리딩 발생 및 평가 (2002년 12월)
- 제 66 회 콘크리트의 블리딩에 미치는 영향 요인 (2003년 1월)
- 제 67 회 블리딩에 따른 콘크리트의 품질변화 (2003년 2월)
- 제 68 회 콘크리트의 블리딩 저감대책 (2003년 3월)
- 제 69 회 콘크리트 배합의 단위수량 (2003년 4월)
- 제 70 회 단위수량이 콘크리트 품질에 미치는 영향 (2003년 5월)
- 제 71 회 단위수량 시험법 (2003년 6월)
- 제 72 회 레미콘의 가수 행태 (2003년 7월)
- 제 73 회 레미콘의 가수방지 대책 (2003년 8월)
- 제 74 회 콘크리트 구조물에서 코어채취 방법 및 강도시험 (2003년 9월)
- 제 75 회 코어채취가 강도에 미치는 영향 (2003년 10월)

- 제 76 회 코어 압축강도에 미치는 재료 및 시험방법의 영향 (2003년 11월)
- 제 77 회 코어 압축강도 시험결과의 평가 (2003년 12월)
- 제 78 회 콘크리트용 내한제의 종류 및 특징 (2004년 1월)
- 제 79 회 내한성 혼화제를 이용한 굳지 않은 콘크리트의 특성 (2004년 2월)
- 제 80 회 내한성 혼화제를 이용한 경화콘크리트의 특성 (2004년 3월)
- 제 81 회 KS 규격에 있어서 레미콘 품질의 종류 (2004년 4월)
- 제 82 회 레미콘 생산에서 생산자와 구입자간의 협의사항 (2004년 5월)
- 제 83 회 레미콘 생산자가 구입자에게 제출(제시) 및 승인받는 사항 (2004년 6월)
- 제 84 회 제품검사, 수입검사, 구조체 검사 (2004년 7월)
- 제 85 회 국내 부순모래의 현황과 사용실태 (2004년 8월)
- 제 86 회 국내 생산 부순모래의 품질 특성 (2004년 9월)
- 제 87 회 부순모래의 품질향상 방안 (2004년 10월)
- 제 88 회 우리나라 시멘트의 발전방향 (2004년 11월)
- 제 89 회 일본 강점기의 콘크리트 (2004년 12월)
- 제 90 회 장시간 운반 콘크리트의 품질변화 (2005년 1월)
- 제 91 회 장시간 운반 콘크리트의 품질 회복제 개발 (2005년 2월)
- 제 92 회 콘크리트 시공에서 서둘러야 하는 것 (2005년 3월)
- 제 93 회 콘크리트 시공에서 서두르면 안 되는 것 (2005년 4월)
- 제 94 회 바닥 마루판의 솟아오름(팽창박리) (2005년 5월)
- 제 95 회 콘크리트와 사이다 · 콜라 (2005년 6월)
- 제 96 회 콘크리트 표면박리 (2005년 7월)
- 제 97 회 콘크리트의 비파괴시험 개요 (2005년 8월)
- 제 98 회 슈미트햄머법 비파괴시험 개요 및 방법 (2005년 9월)
- 제 99 회 슈미트햄머법 비파괴시험 영향인자 (2005년 10월)
- 제 100 회 초음파 속도법 및 복합법 (2005년 11월)
- 제 101 회 콘크리트 균열에 대한 사고(思考) (2005년 12월)
- 제 102 회 콘크리트의 허용균열폭 (2006년 1월)

- 제 103 회 콘크리트의 균열방지 (2006년 2월)
- 제 104 회 건설물의 온도변화에 따른 팽창수축 (2006년 3월)
- 제 105 회 콘크리트의 조성과 보수보강에서 선팽창계수 (2006년 4월)
- 제 106 회 주택성능 등급제와 관련한 콘크리트의 성능등급 (2006년 5월)
- 제 107 회 주택성능 등급제에 따른 콘크리트산업의 대처방안 (2006년 6월)
- 제 108 회 중국 시멘트의 현황과 국가 규격 (2006년 7월)
- 제 109 회 중국 시멘트의 품질 규격 (2006년 8월)
- 제 110 회 콘크리트용 용수의 염화물 등 수질 규정 (2006년 9월)
- 제 111 회 석회석 미분말을 사용한 콘크리트의 특성 (2006년 10월)
- 제 112 회 시멘트의 발달사 (2006년 11월)
- 제 113 회 우리나라 시멘트의 역사 (2006년 12월)
- 제 114 회 콘크리트의 역사 (2007년 1월)
- 제 115 회 소규모 포장 콘크리트의 결함방지 (2007년 2월)
- 제 116 회 콘크리트의 백화(白華, Efflorescence)방지 (2007년 3월)
- 제 117 회 콘크리트의 「암」알칼리골재반응 (2007년 4월)
- 제 118 회 수요자의 요구에 부응하는 맞춤형 시멘트의 개발 및 활용 (2007년 5월)
- 제 119 회 섬유보강 콘크리트의 개요 및 무기계 섬유보강 콘크리트 (2007년 6월)
- 제 120 회 유기계 섬유보강 콘크리트 (2007년 7월)
- 제 121 회 SIFCON의 특성 및 방폭 콘크리트의 개발 (2007년 8월)
- 제 122 회 초고성능 콘크리트와 관련한 용어 (2007년 9월)
- 제 123 회 고인성 고성능 콘크리트의 특성 (2007년 10월)
- 제 124 회 고인성 고성능 콘크리트의 수축저감 및 내화특성 (2007년 11월)
- 제 125 회 공장바닥 마감 콘크리트의 표면층의 균열 및 층분리 (2007년 12월)
- 제 126 회 기둥에 발생한 인장균열 (2008년 1월)
- 제 127 회 유해한 작용에 대한 보호 (2008년 2월)
- 제 128 회 진동으로부터 콘크리트의 보호 (2008년 3월)
- 제 129 회 우량 레미콘제도 (2008년 4월)
- 제 130 회 선무당이 레미콘 잡는다(Ⅰ) (2008년 5월)

* 제 131 회 선무당이 레미콘 잡는다(II) (2008년 6월)
* 제 132 회 선무당이 레미콘 잡는다(III) (2008년 7월)
* 제 133 회 SI단위의 이해 (2008년 8월)
* 제 134 회 SI단위의 사용규칙 (2008년 9월)
* 제 135 회 고강도 콘크리트의 내화성능 관리 (2008년 10월)
* 제 136 회 응결시간의 의미 (2008년 11월)
* 제 137 회 시멘트의 제조 (2008년 12월)
* 제 138 회 시멘트의 소성공정 (2009년 1월)
* 제 139 회 시멘트의 마무리(분쇄)공정 (2009년 2월)
* 제 140 회 시멘트의 수화반응 (2009년 3월)
* 제 141 회 표준편차(Standard deviation) (2009년 4월)
* 제 142 회 품질 불감증 문제 (2009년 5월)
* 제 143 회 정규분포(Normal distribution) (2009년 6월)
* 제 144 회 경량 콘크리트의 개요 및 무 잔골재 콘크리트 (2009년 7월)
* 제 145 회 경량골재의 개요 (2009년 8월)
* 제 146 회 경량골재의 품질규격 (2009년 9월)
* 제 147 회 경량골재 콘크리트의 제조 및 시공 (2009년 10월)
* 제 148 회 경량골재 콘크리트의 특성 (2009년 11월)
* 제 149 회 경량기포 콘크리트의 개요 및 제조 (2009년 12월)
* 제 150 회 경량기포 콘크리트의 품질규격 및 특성 (2009년 1월)

참고문헌

기본문헌

1. 한천구 ; 기술강좌 1회~150회, 레미콘 · 아스콘 · 골재, (주)건설미디어, 1997.8~2010.1
2. 대한건축학회 ; 건축공사 표준시방서, 대한건축학회, 1966, 1978, 1986, 1994, 1999, 2006년판
3. 한국콘크리트학회 ; 콘크리트 표준시방서, 한국콘크리트학회, 1999, 2003, 2009년판
4. 대한토목학회 ; 콘크리트 표준시방서, 대한토목학회, 1961, 1969, 1978, 1988, 1996년판
5. ACI ; ACI Manual of Concrete Practice, Part 1~5, 1990
6. 한국표준협회 ; KS F 4009 외 KS 규격집, 1961~현재
7. ASTM ; ASTM Standards in Building Codes, Vol. 1~4, 1997

I 원재료

8. 한국콘크리트학회 편 ; 최신 콘크리트공학, 한국콘크리트학회, 2005
9. 최강순 ; 세라믹스의 뿌리를 찾아서, 세라미스트, 한국세라믹학회, Vol. 9, No. 2, 2006
10. 한국양회공업협회 ; 시멘트의 역사, 양회협회 홈페이지(www.cement.or.kr)
11. 김진근 ; 시멘트와 콘크리트의 개발의 의미와 우리의 자세, 시멘트, No. 171, 2006
12. (社)セメント協會 ; C&C エンサイクロペディア, 1996
13. 김무한, 신현식, 김문한 ; 건축재료학, 문운당, 2009
14. JCI ; コンクリート用石灰石微粉末品質規格(案), 石灰石微粉末研究委員會報告書, 2004
15. JIS A 5308 ; レディーミクストコンクリートの練混ぜに用いる水, 附屬書3, 2008
16. 상수도 사업본부 ; 2006년 6월 수질검사 현황, 2006

II 보통콘크리트

17. 방갑순 ; 레미콘 산업의 역사 및 현황, 콘크리트학회지, Vol. 5, No. 3, 1993
18. 한천구 ; 콘크리트의 균열원인과 예방대책, 아세아 레미콘 기술교육자료, 1995
19. 한국콘크리트학회 ; 콘크리트구조설계기준해설, 한국콘크리트학회, 2007
20. 변항용 ; 에폭시 접착 보수·보강 공법의 적합성 분석에 관한 연구, 청주대학교 대학원 박사학위논문, 2007. 12
21, 변항용 ; 수로교의 안전, 바른미디어, 2004
22. 相良健一, 魚本健一 ; 炭素纖維シートで補修補强されたRC構造物の缺陷の檢知について, 日本コンクリート工學協會, Vol. 18, No. 1, 1996
23. 윤기원 ; 발파진동 예상시 콘크리트 타설에 대한 소견서, 아주산업기술연구소, 2008
24. 오병환, 송혜금, 조재열 ; 진동이 양생초기 콘크리트에 미치는 영향에 관한 연구, 콘크리트학회지, Vol. 10, No. 5, 1998
25. 田中久順 ; エフロレッセンス, セメント・コンクリート, No. 719, 2007
26. 건축공학연구회 편역 ; 건축시공핸드북, 기문당, 1985
27. 山田一夫 ; セメント・骨材硏究の最新情報, セメント・コンクリート, No. 716, 2006

III 특수콘크리트

28. 서치호 ; 경량 콘크리트의 성태에 관한 실험적 연구, 한양대학교 박사학위논문, 1985
29. ACI Committee 213 ; Guide for Structural Lightweight Aggregate Concrete, ACI, 2002
30. ACI Committee 523 3R ; Guide for Cellular Concrete Adove 50 pcf and Aggregate Adove 50 pcf with Compressive Strength Less than 2500 psi, ACI, 2002
31. 정광복 ; 경량기포 콘크리트의 품질에 미치는 혼화재료의 영향, 청주대학교 산업경영대학원 석사학위논문, 2007. 12
32. 한국건설기술연구원 ; 콘크리트 교량의 내구성 향상 기술 개발, Bridge

200 3차년도 연구보고서, 2004

33. 한천구, 김성욱, 고경택, 한민철 ; 배합 및 재료요인에 따른 저수축 고성능 콘크리트의 품질특성, 한국콘크리트학회논문집, Vol. 16, No. 6, 2004
34. Richard. P. and Cheyrezy. M. H, Reactive Powder Concrete, Cement and Concrete Research, Vol. 25, No. 7, 1995
35. ACI Committee 54 ; State-of-the-Art Report on Fiber Reinforced Concrete, 1996
36. 손호정 ; 폴리론화이버를 혼입한 고강도 콘크리트 구조체의 내화성능 검토, 청주대학교 대학원 석사학위논문, 2009

VI 레미콘 품질관리

37. 한천구 ; 건설공사의 품질관리, 한국건설감리협회 교육자료, 2009
38. 황의철 ; 최신 품질관리, 박영사, 2009
39. 지식경제부 기술표준원 ; 국제단위계(SI) 및 그 사용법, 2002
40. 한천구 ; 콘크리트의 특성과 배합설계, 기문당, 1999
41. (주)건설연구사 ; 건축공사 표준품셈, (주)건설연구사, 2009
42. 대한건설협회 ; 건설공사 표준품셈, 대한건설협회, 2009
43. 한천구 ; 품질불감증 문제, 콘크리트학회지 권두언, Vol. 21, No. 5, 2009
44. 황인성, 한천구 ; 레미콘 품질관리 실무, 기문당, 2005

저자 / 한천구

- 청주대학교 이공대학 건축공학과, 공학사
- 단국대학교 대학원 석사과정, 공학석사
- 충남대학교 대학원 박사과정, 공학박사
- 일본 북해도 대학 Post Doctoral Fellowship 연수
- 건축기술사(건축시공, 건축품질시험)
- 충북도, 청주시 및 기타 시군 건축심의 위원
- 건설미디어사 「레미콘 · 아스콘 · 골재」 편집자문위원
- 건축기술사 시험 출제 · 채점 · 면접위원
- 아세아 시멘트 공업(주) 기술지도위원
- 한국건설품질기술사회 회장
- 한국콘크리트학회, 한국건축시공학회 부회장
- 한국건설순환자원학회 회장
- 현재, 청주대학교 이공대학 건축공학과 교수

레미콘 · 건축 · 토목공사의 품질관리를 위한

레미콘 품질관리(Ⅲ)

2010년 2월 15일 1판 1쇄 발행
2018년 4월 25일 1판 3쇄 발행

저 자	한 천 구
발 행 인	강 해 작
발 행 처	기 문 당
주 소	서울시 성동구 무학봉 28길 4-1
전 화	02)2295-6171(代)~5
팩 스	02)2296-8188
출판등록	1976. 10. 7(1976-2)
홈페이지	http://기문당 http://www.kimoondang.com
I S B N	978-89-6225-213-2 93540
정 가	15,000원